《〈建设工程分类标准〉GB/T 50841-2013》
释　　义

《建设工程分类标准》编写组　编

中 国 计 划 出 版 社

2013　北　　京

图书在版编目（CIP）数据

《建设工程分类标准》GB/T 50841-2013 释义/《建设工程分类标准》编写组编. —北京：中国计划出版社，2013.9
ISBN 978-7-80242-894-2

Ⅰ.①建⋯　Ⅱ.①建⋯　Ⅲ.①建筑工程－分类－国家标准－中国　Ⅳ.①TU711

中国版本图书馆 CIP 数据核字（2013）第 197956 号

《〈建设工程分类标准〉GB/T 50841-2013》释义
《建设工程分类标准》编写组　编

中国计划出版社出版
网址：www.jhpress.com
地址：北京市西城区木樨地北里甲 11 号国宏大厦 C 座 3 层
邮政编码：100038　电话：（010）63906433（发行部）
新华书店北京发行所发行
北京凌奇印刷有限责任公司印刷

787mm×1092mm　1/16　13.25 印张　302 千字
2013 年 9 月第 1 版　2013 年 9 月第 1 次印刷
印数 1—11000 册

ISBN 978-7-80242-894-2
定价：32.00 元

编写人员名单

主　　编：缪长江

副主编：孙继德　刘伊生　何佰洲

编　　委：王清训　贺　铭　汪诚文　刘　辉　刘　哲
　　　　　刘雪迎　吴小莎　梁岳峰　陈建平　储祥辉
　　　　　杨卫东　王雪青　杨瑾峰　赵慧珍　楼永良
　　　　　蒋金生　杨智慧　胡庆红　史汉星　白俊锋
　　　　　黎之岳　廖前哨　姚晓东

前　言

　　由住房和城乡建设部组织编制、审查、批准和发布的中华人民共和国国家标准《建设工程分类标准》GB/T 50841—2013（以下简称《标准》），于2013年5月1日起实施。本书是针对《标准》的理解和实际应用的配套用书。

　　本书由三篇构成，第一篇是《标准》编制说明，主要论述其编制背景及任务来源、主要编制过程以及编制原则和指导思想；第二篇是对《标准》5个章节的条文规定进行全面、系统的说明和解释；第三篇是附件，包括按工程属性分类的建设工程分类表、建设工程行业分类表、建设工程服务分类表。

　　本书由《标准》编制组各章节主要起草人执笔。

　　本书的编写得到了编制组其他起草人的关心与支持，还得到有关建设、研究、设计、施工、监理和建筑业行业管理单位的帮助，特此表示衷心的感谢！

　　《标准》刚刚实施，其内容还要接受工程建设实践和行业管理的检验，《标准》还要进一步补充、修正、深化和发展，恳请广大业内人员对本书提出宝贵的意见和建议。

目　　录

第一篇

《建设工程分类标准》GB/T 50841-2013
编 制 说 明

1 编制背景及任务来源

1.1 编制背景

我国现行建设工程分类主要是基于我国现行管理体制和机制，按照国民经济行业划分的，虽有较广泛的适用性，但在工程实施过程中"多头管理，政出多门"矛盾比较突出，与国际惯例也不相协调。编制本标准的目的就是为了弥补现行建设工程分类的缺陷，突破工程实施过程中的行业障碍，促进我国建筑业企业跨地区、跨行业发展。本标准可与现行建设工程分类配套使用，互为补充，为进一步完善和发展我国建筑业管理制度，并同国际建筑市场接轨，具有前瞻性和引导性。

建设工程分类在国际上没有统一的标准。联合国统计署（United Nations Statistics Division）对世界经济与产业的分类主要有两套标准，一个是产业分类国际标准（International Standard Industrial Classification，以下简称 ISIC），二是核心产品分类标准（Central Product Classification，以下简称 CPC）。

1. 产业分类国际标准（ISIC 标准）

ISIC 标准最新版（2005 年 12 月 31 日第 4 版）中将建筑业划分为三类，包括房屋建筑、土木工程（包括公路、公用事业和其他土木工程）和特殊建筑活动（包括爆破和场地准备，电力、管道和其他建筑安装，装饰等），而矿业开采、化工和其他产品制造则列入另外的产业分类目录，未列入建筑业。显然，这是把工业制造项目中的工艺流程方面的技术列入制造业，而涉及这些工业项目的建设安装活动才列入建筑业。

2. 核心产品分类标准（CPC 标准）

CPC 标准首先将建设工程施工和建筑产品分开。

建设工程施工分为 8 个类别，包括：

施工现场准备；

房屋建筑施工；

土木工程施工；

结构安装；

专业工程施工；

设备安装；

建筑装饰；

机械设备的租赁。

建筑产品包括房屋建筑（分居住建筑和非居住建筑）和土木工程。土木工程产品包括：

高速公路（不含高架路）、城市街道、马路、铁路、机场跑道；

桥梁、高架路、隧道、地铁；

水利工程、港口、大坝；

长距离管线、通信和电力电缆；

短距离的管线、电缆，附属工程；

采矿和制造业的建设工程；

体育和休闲设施建设工程；

其他。

其他国家和地区的分类也各不相同，但许多是按照产品分类和实施过程分类并存。我国现行的按照行业分类大致属于国际上按照产品分类，本标准大致属于国际上的按照实施过程分类。

1.2　任务来源

2006 年，建设部科技司立项"建筑业分类代码研究"课题。在课题研究过程中发现更准确的名称应该是建设工程分类，后列入《2007 年工程建设国家标准制订、修订计划（第二批）》（建标〔2007〕126 号）。

本标准由建设部组织同济大学工程管理研究所和中天建设集团等有关单位共同编制完成。

1.3　适用范围

本标准可适用于：

（1）建设工程规划（计划）和管理工作中的建设工程分类、分解；

（2）国民经济统计工作中的建设工程分类、分解；

（3）建设工程策划、勘察、设计、招投标、施工、咨询等；

（4）建筑业企业资质和个人执业资格管理活动中的建设工程分类、分解以及专业划分等；

（5）建设工程项目管理活动中的建设工程分类、分解；

（6）相关部门、相关行业、相关专业机构在产能规划、投资分析以及相关管理活动中的建设工程分类、分解；

（7）建设工程相关标准制订中涉及的建设工程分类、分解；

（8）工程类高等教育专业的设置。

2 主要编制过程

1. 准备阶段：2007 年 4 月—2010 年 4 月

2007 年 4 月，在厦门召开编制组成立暨第一次工作会议，成立了标准编制领导小组和编制组，确定了参编单位和参编人员，明确了制订本标准的目的和意义、体系结构、层次划分原则、条文与解释、分工与组织、进度计划等。

这一阶段共召开 10 次专题讨论会，收集相关资料。召开十多次编制工作会议和初稿讨论会，对分工、编制原则、工程分类体系等进行了多次调整。

2. 征求意见阶段：2010 年 4 月—2011 年 7 月

2010 年 4 月完成并提交征求意见稿。

2010 年 10 月，在住房和城乡建设部标准定额司的要求下进行第二次征求意见。

在第一次征求意见的基础上，于 2010 年 7 月 31 日和 10 月 14 日在北京召开了意见处理和标准修改会议。

在第二次征求意见的基础上，分别于 2010 年 12 月 30 日和 2011 年 1 月 30 日在北京，2011 年 4 月 8 日在贵阳召开了意见处理和编制标准送审稿会议。

3. 送审阶段：2011 年 7 月—2011 年 9 月

2011 年 7 月，编制组完成并提交送审文件，包括送审申请表、送审报告（任务来源、简要修订过程及主要工作、标准简介、提请重点审查的内容及确定的依据、与国外相关标准的对比、对本标准的评价等）。

2011 年 9 月 16 日，由住房和城乡建设部标准定额司组织召开审核委员会专家审查会，对标准送审稿进行审查，完成审查意见。

4. 报批阶段：2011 年 9 月—2012 年 4 月

（1）召开工作会：编制组根据审查会议纪要，对送审稿及其条文说明进行逐条修改，形成标准报批稿及其条文说明。

（2）完成报批报告：标准制订任务来源，编制工作概况，标准的主要内容，审查会议意见的处理情况，标准的技术水平、作用和效益，标准中尚存在的主要问题，今后需要进行的主要工作等。

5. 发布公告

2012 年 12 月 25 号，住房和城乡建设部发布公告，批准《建设工程分类标准》为国家标准，编号为 GB/T 50841—2013，自 2013 年 5 月 1 日起实施。

3　指导思想和编制原则

本标准重点研究了建设工程分类、分级及建设工程之间的相互关系，主要成果是建立统一的建设工程分类和分解的目录和编码，可为建设工程管理法规和政策制订、建筑业企业资质管理和建造师等有关执业资格制度制订提供依据或参考。

（1）分类方法。建设工程可以有多种分类方法，按照性质、投资、用途、功能等分类，其结果的表现形式也不尽相同。本标准分类方法是首先明确各行业工程范围，以分部工程为基础将 31 个行业工程进行细分，再按照自然属性将两个工程类别（土木工程和机电工程）进行重新排列组合。由于建筑工程量大面广，之后又从土木工程中分离出来，调整为三个类别，即建筑工程、土木工程、机电工程。

（2）分级方法。本标准将每一大类工程依次分为工程类别、单项工程、单位工程和分部工程等层次，基本单元为分部工程，这样可以比较完整地反映工程的全貌。比如一个建设工程的不同子系统可能都有不同的功能，可以据此再细分为节能工程、消防工程、抗震工程等。

（3）在一个建设工程项目中，可能包括许多单项工程、单位工程、分部工程和分项工程，既包括建筑工程、土木工程，也包括机电安装工程，为了确保单项工程或者单位工程按照自然属性规则分解或者复原，作为一个房屋建筑有效组成部分的给排水工程、采暖、通风与空调工程、电梯等划入机电工程，土木工程不再包含建筑工程和机电工程，机电工程不再包含土木工程和建筑工程。

第二篇

《建设工程分类标准》GB/T 50841-2013
释义与应用

1 总 则

1.0.1 为统一建设工程分类，规范建设工程分类方法和要求，提高建设工程管理的科学水平，制定本标准。

【释义】

阐述了制定本标准的目的。

目前我国建设工程尚无统一分类，在许多文件、规范、标准中都涉及建设工程的类型、等级、规模等，极不统一。

1.0.2 本标准适用于建设工程前期策划、勘察、设计、招投标、施工、咨询等，不适用于军事工程等有特殊要求的建设工程。

1.0.3 建设工程按自然属性可分为建筑工程、土木工程和机电工程三大类，按使用功能可分为房屋建筑工程、铁路工程、公路工程、水利工程、市政工程、煤炭矿山工程、水运工程、海洋工程、民航工程、商业与物资工程、农业工程、林业工程、粮食工程、石油天然气工程、海洋石油工程、火电工程、水电工程、核工业工程、建材工程、冶金工程、有色金属工程、石化工程、化工工程、医药工程、机械工程、航天与航空工程、兵器与船舶工程、轻工工程、纺织工程、电子与通信工程和广播电影电视工程等；各行业建设工程可按自然属性进行分类和组合。

1.0.4 本标准每一大类工程依次可分为工程类别、单项工程、单位工程和分部工程等，基本单元为分部工程。具体编码可符合本标准附录 A、附录 B、附录 C 的规定。

1.0.5 建设工程分类除应符合本标准外，尚应符合国家现行有关标准的规定。

2 术　语

2.0.1　建设工程　construction engineering

　　为人类生活、生产提供物质技术基础的各类建（构）筑物和工程设施。

2.0.2　建筑工程　building engineering

　　供人们进行生产、生活或其他活动的房屋或场所。

2.0.3　土木工程　civil engineering

　　建造在地上或地下、陆上或水中，直接或间接为人类生活、生产、科研等服务的各类工程。

2.0.4　机电工程　mechanical and electrical engineering

　　按照一定的工艺和方法，将不同规格、型号、性能、材质的设备、管路、线路等有机组合起来，满足使用功能要求的工程。

2.0.5　单项工程　individual project

　　具有独立设计文件，能够独立发挥生产能力、使用效益的工程，是建设项目的组成部分，由多个单位工程构成。

2.0.6　单位工程　unit project

　　具备独立施工条件并能形成独立使用功能的建筑物及构筑物，是单项工程的组成部分，可分为多个分部工程。

2.0.7　分部工程　part project

　　按工程的部位、结构形式的不同等划分的工程，是单位工程的组成部分，可分为多个分项工程。

2.0.8　分项工程　item project

　　根据工种、构件类别、设备类别、使用材料不同划分的工程项目，是分部工程的组成部分。

3 建 筑 工 程

3.1 一 般 规 定

3.1.1 建筑工程按照使用性质可分为民用建筑工程、工业建筑工程、构筑物工程及其他建筑工程等。

【释义】

建筑工程的分类有许多种方法，此处首先按照使用性质划分为三大类。然后再按照每一大类的详细功能细分（见本章后面几节）。

构筑物工程有许多是单独存在的，也有许多是依附于民用建筑工程和工业建筑工程而存在的，当然也有少量是依附于土木工程而存在的，但从总体上，大多数为单独存在或依附于民用建筑工程或工业建筑工程的，所以在本标准中将其划分为"建筑工程"中的一大类。

3.1.2 建筑工程按照组成结构可分为地基与基础工程、主体结构工程、建筑屋面工程、建筑装饰装修工程和室外建筑工程。

【释义】

建筑工程按照组成结构分解也可以有多种划分方法，此处更多考虑其施工过程和施工任务分配的方便性。

按照现行国家标准《建筑工程施工质量验收统一标准》GB 50300—2001（以下简称"施工验收标准"），建筑工程包括地基与基础工程、主体结构工程、建筑屋面工程、建筑装饰装修工程、建筑给排水及采暖工程、建筑电气工程、智能建筑工程、通风与空调工程、电梯工程共9个分部工程。室外工程包括室外建筑环境和室外安装工程两个单位工程。本标准按自然属性将"施工验收标准"中的室外建筑环境工程简称为室外建筑工程，与"施工验收标准"中的建筑工程中的地基与基础工程、主体结构工程、建筑屋面工程、建筑装饰装修工程并列，成为本标准建筑工程的组成部分。而"施工验收标准"中的建筑工程中的建筑给排水及采暖工程、建筑电气工程、智能建筑工程、通风与空调工程、电梯工程以及室外安装工程都属于本标准的机电工程。

根据本条规定，从工程组成来说，各类建筑工程的分部分项工程都可以包括地基与基础工程、主体结构工程、建筑屋面工程、建筑装饰装修工程和室外建筑工程。但是有些构筑物工程没有建筑屋面工程，也可能不存在装饰装修工程，因为没有室内部分，严格地讲，也不存在室外建筑工程。但为了统一标准，暂作此规定，主要用于明确工程结构分解的规则。毕竟不同的建筑工程有不同的组成，也不可能要求所有的建筑工程具有相同的组成。

3.1.3 建筑工程按照空间位置可分为地下工程、地上工程、水下工程、水上工程等。

【释义】

本条明确建筑工程可以按照空间位置进行分类。当然，由于空间位置的不同，对建筑工程的设计、施工、使用等都会有不同的要求。本标准暂不涉及。

3.2 民用建筑工程

3.2.1 民用建筑工程按用途可分为居住建筑、办公建筑、旅馆酒店建筑、商业建筑、居民服务建筑、文化建筑、教育建筑、体育建筑、卫生建筑、科研建筑、交通建筑、人防建筑、广播电影电视建筑等。

【释义】

民用建筑工程的种类很多，按照用途可以分为上述几类，但仍不能穷尽，本条只能按照其主要功能进行分类。其他未穷尽的建筑工程可以归入上述类别中，或参照上述类别进行分类。

3.2.2 居住建筑按使用功能不同可分为别墅、公寓、普通住宅、集体宿舍等，按照地上层数和高度分为低层建筑、多层建筑、中高层建筑、高层建筑和超高层建筑。

【释义】

居住建筑工程还有许多分类方法，此处按照使用功能和层数（高度）划分，可根据不同需要选择划分方法。

此处的划分方法尽可能与其他标准和规范相统一，如《民用建筑设计通则》GB 50352—2005、《建筑设计防火规范》GB 50016—2006 等。此处主要根据《民用建筑设计通则》GB 50352—2005 的规定：住宅建筑按照地上层数和高度分为低层建筑（1～3层）、多层建筑（4～6层）、中高层建筑（7～9层）、高层建筑（10～30层）和超高层（31层以上）。

3.2.3 办公建筑按地上层数和高度可分为单层建筑、多层建筑、高层建筑、超高层建筑。

【释义】

办公建筑是指企业、事业、机关、团体、学校、医院等单位的办公用房，也包括商务办公用房。可以参照《民用建筑设计通则》GB 50352—2005 和《办公建筑设计规范》JGJ 67—2006，办公建筑统一按地上层数和高度分为单层建筑、多层建筑（2～7层且不超过24m）、高层建筑（8层及8层以上，高度24～100m）、超高层建筑（30层以上，高度100m以上）。

3.2.4 旅馆酒店建筑可分为旅游饭店、普通旅馆、招待所等。

【释义】

此处主要是按照档次进行分类。

其中旅游饭店可以分为三星级、四星级和五星级等。目前有少量旅游饭店标准高于5星级，号称超5星级、6星级、7星级，但缺少依据。

3.2.5 商业建筑按照用途可分为百货商场、综合商厦、购物中心、会展中心、超市、菜市场、专业商店等，按其建筑面积划分可分为大型商业建筑、中型商业建筑和小型商业建筑。

【释义】

商业建筑是指批发和零售企业对外营业的各种市场、超市、商店、门市部、粮店、书店等用房。参照《商店建筑设计规范》JGJ 48—88，商业建筑可以按照建筑面积划分分为大型商业建筑（规模大于 15000m²）、中型商业建筑（规模为 3000 ～ 15000m²）和小型商业建筑（规模小于 3000m²）。

3.2.6　居民服务建筑可分为餐饮用房屋，银行营业和证券营业用房屋，电信及计算机服务用房屋，邮政用房屋，居住小区的会所，以及洗染店、洗浴室、理发美容店、家电维修、殡仪馆等生活服务用房屋。

【释义】

居民服务建筑的种类繁多，随着第三产业和服务经济的发展，还可能出现更多的种类，此处只列举目前主要的种类。

非独立使用的居民服务建筑不列入本标准。

3.2.7　文化建筑可分为文艺演出用房、艺术展览用房、图书馆、纪念馆、档案馆、博物馆、文化宫、游乐场馆、电影院（含影城）、宗教寺院以及舞厅、歌厅、游艺厅等用房。文化建筑按其建筑面积可分为大型文化建筑、中型文化建筑和小型文化建筑。

【释义】

参照《博物馆建筑设计规范》JGJ 66—91，文化建筑可以按其建筑面积分为大型文化建筑（规模大于 10000m²）、中型文化建筑（规模为 4000 ～ 10000m²）和小型文化建筑（规模小于 4000m²）。

3.2.8　教育建筑可分为各类学校的教学楼、图书馆、试验室、体育馆、展览馆等教育用房。

【释义】

教育建筑分为各种学校（包括大、中、小学校，职业学校，业余学校，党校，干校，工读学校以及幼儿园等）用于教学的教学楼、图书馆、体育馆、展览馆等，不包括学生及教工宿舍等。

3.2.9　体育建筑可分为体育馆、体育场、游泳馆、跳水馆等。体育场按照规模可分为特大型、大型、中型、小型。

【释义】

体育建筑中用于羽毛球、排球、篮球、网球等体育活动的建筑可以划入体育馆工程。

按照《体育建筑设计规范》JGJ 31—2003，体育场按照规模分为：特大型（60000 座以上）、大型（40000 ～ 60000 座）、中型（20000 ～ 40000 座）、小型（20000 座以下）；体育馆按照规模分为：特大型（10000 座以上）、大型（6000 ～ 10000 座）、中型（3000 ～ 6000 座）、小型（3000 座以下）；游泳馆、跳水馆按照规模分为：特大型（6000 座以上）、大型（3000 ～ 6000 座）、中型（1500 ～ 3000 座）、小型（1500 座以下）。

3.2.10　卫生建筑可分为各类医疗机构的病房、医技楼、门诊部、保健站、卫生所、化验室、药房、病案室、太平间等房屋。

3.2.11　交通建筑可分为机场航站楼，机场指挥塔，交通枢纽，停车楼，高速公路服务区用房，汽车、铁路和城市轨道交通车站的站房，港口码头建筑等工程。

【释义】

从使用功能上，交通建筑可能分别属于民航、公路、铁路等工程的有效组成部分，但从自然属性上，机场航站楼，机场指挥塔，交通枢纽，停车楼，高速公路服务区用房，汽车、铁路和城市轨道交通车站的站房，港口码头建筑等工程都属于房屋建筑，当然属于建筑工程（民用建筑工程）中的一类。

3.2.12 广播电影电视建筑可分为广播电台、电视台、发射台（站）、地球站、监测台（站）、广播电视节目监管建筑、有线电视网络中心、综合发射塔（含机房、塔座、塌楼等）等工程。

3.3　工业建筑工程

3.3.1 工业建筑工程可分为厂房（机房、车间）、仓库、辅助附属设施等。

【释义】

　　工业建筑工程是指直接用于生产或为生产配套的各种房屋和各种工业构筑物，包括各种行业所需要的车间、仓库、辅助附属设施和构筑物等，分为厂房、仓库、辅助附属设施，工业构筑物单独划出，归入"3.4 构筑物工程"。不同行业的辅助附属设施的工程内容不同，一般包括锅炉房、氧气站、泵站等。

3.3.2 仓库按用途划分可分为各行业企事业单位的成品库、原材料库、物资储备库、冷藏库等。

3.3.3 厂房（机房）包括各行业工矿企业用于生产的工业厂房和机房等，按照高度和层数可分为单层厂房、多层厂房和高层厂房，按照跨度可分为大型厂房、中型厂房、小型厂房。

【释义】

　　厂房还可以按照结构和材料等划分，可参考其他标准，本标准简略。

　　参照《建筑设计防火规范》GB 50016—2006 等标准，可以按照高度和层数分为单层厂房、多层厂房（2 层以上，24m 以下）和高层厂房（2 层以上，24m 以上），按照跨度分为大型（30m 以上）、中型（15～30m）、小型（15m 以下）。

3.4　构筑物工程

3.4.1 构筑物工程可分为工业构筑物、民用构筑物和水工构筑物等。

3.4.2 工业构筑物工程可分为冷却塔、观测塔、烟囱、烟道、井架、井塔、筒仓、栈桥、架空索道、装卸平台、槽仓、地道等。

【释义】

　　工业构筑物一般与其他工业建筑配套发挥其功能。

3.4.3 民用构筑物可分为电视塔（信号发射塔）、纪念塔（碑）、广告牌（塔）等。

3.4.4 水工构筑物可分为沟、池、沉井、水塔等。

【释义】

　　水工构筑物一般与其他工业建筑或水利工程等配套才能发挥其功能。池可能包括市政工程、工业建设项目中的水池、油池、粪池和沉淀池等。

4 土 木 工 程

4.1 一 般 规 定

4.1.1 土木工程可分为道路工程、轨道交通工程、桥涵工程、隧道工程、水工工程、矿山工程、架线与管沟工程、其他土木工程。

【释义】

本条是关于土木工程的总体分类。无论是哪个行业的土木工程，按其自然属性均可纳入八大类土木工程之中，即：道路工程、轨道交通工程、桥涵工程、隧道工程、水工工程、矿山工程、架线与管沟工程、其他土木工程。

4.2 道 路 工 程

4.2.1 道路工程可分为公路工程，城市道路工程，机场场道工程，厂矿、林区专用道路工程，其他道路工程。

【释义】

本条是关于道路工程按功能不同的总体分类，有城市外的公路工程、城市内的市政道路工程，还有机场的场道工程及厂矿、林区等专用道路工程。

4.2.2 公路可分为高速公路、一级公路、二级公路、三级公路、四级公路。公路工程一般由路基工程、路面工程及其他工程组成。具体分类应符合下列规定：

1 路基工程可分为路基土石方工程、路基排水工程、特殊路基工程、路基防护工程和路基支挡工程。具体分类应符合下列规定：

1） 路基土石方工程可分为挖方路基工程和填方路基工程。

2） 路基排水工程可分为地表排水工程和地下排水工程。

3） 特殊路基工程可分为软土地区路基、滑坡地段路基、崩塌与岩堆地段路基、泥石流地区路基、岩溶地区路基、多年冻土地区路基、黄土地区路基、膨胀土地区路基、盐渍土地区路基、风沙地区路基、雪害地段路基、涎流冰地段路基、采空区路基、滨海路基、水库地区路基等工程。

4） 路基防护工程可分为坡面防护工程和沿河路基防护工程两大类。

5） 路基支挡工程可分为挡土墙工程、抗滑桩工程等。

2 路面工程可分为路面基层及垫层工程、路面面层工程、路面排水工程和路面附属工程。具体分类应符合下列规定：

1） 路面基层及垫层工程可分为基层工程和垫层工程两大类。

2） 路面面层工程可分为沥青混凝土路面工程、水泥混凝土路面工程和其他路面工程。

3） 路面排水工程可分为路标排水工程、中央分隔带排水工程和路面结构内部排水工程。

4）路面附属工程可分为人行道、缘石，沥青路面镶边，土路肩加固等工程。

3　其他工程可分为安全设施工程和环境保护工程。具体分类应符合下列规定：

1）安全设施工程可分为护栏、隔离栅、道路交通标志、道路交通标线、防眩设施等工程。

2）环境保护工程可分为绿化工程、防噪声工程等。

【释义】

本条是关于公路工程的分类。无论是高速公路、一级公路、二级公路、三级公路或四级公路，公路工程均由路基工程、路面工程及其他工程组成。

（1）路基工程。路基工程的组成比较复杂，按线路位置和技术要求不同，路基工程可分为挖方路基工程或填方路基工程；按路基材质不同，可分为土质路基或石质路基，还有特殊路基工程。

（2）路面工程。按路面结构层次不同，路面工程可分为面层、基层、底基层和垫层四个层次；按材质不同，路面工程可分为沥青、水泥混凝土、块料和粒料等不同的路面工程。

（3）其他工程。是指公路工程中路基工程、路面工程之外与公路交通安全、环境保护等内容有关的工程。

4.2.3　城市道路按等级和用途不同可分为城市快速道、主干路、次干路、支路及里巷道路。城市道路工程可分为路基工程、路面工程及其他工程。具体分类可参照第4.2.2条的规定。

【释义】

本条是关于城市道路工程的分类。按路面等级不同，城市道路路面可以划分为高级路面、次高级路面、中级路面和低级路面；按道路功能不同，城市道路工程可以划分为交通性、生活性或景观性道路工程。

与公路工程相同，城市道路工程也是由路基工程、路面工程及其他工程组成。

4.2.4　机场场道工程可分为土石方工程、道面基础工程、道面工程、排水工程、场道附属工程和其他场道工程。具体分类应符合下列规定：

1　道面工程可分为刚性道面工程和非刚性道面工程。具体分类应符合下列规定：

1）刚性道面工程是指采用混凝土浇筑的道面工程。

2）非刚性道面工程可分为草坪、碎石、沥青道面工程。

2　场道附属工程可分为跑道道肩工程、跑道安全带工程、净空道工程、滑行道工程等。

【释义】

本条是关于机场场道工程的分类。其基本组成仍然是路基工程、路面工程及其他工程。

4.2.5　厂矿、林区专用道路工程可分为厂矿专用道路工程、林区专用道路工程及其他专用道路工程。

各类专用道路工程均可分为路基工程、路面工程及其他相关工程。

【释义】

本条是关于厂矿、林区专用道路工程的分类。其功能是专用于厂矿、林区，但基本组成仍然是路基工程、路面工程及其他工程。

4.3 轨道交通工程

4.3.1 轨道交通工程可分为铁路工程、城市轨道交通工程和其他轨道工程。

【释义】

本条是关于轨道交通工程的分类。按其功能分为铁路工程、城市轨道交通工程和其他轨道工程。

4.3.2 铁路按运营速度划分，可分为高速铁路和普速铁路。其中，普速铁路又可分为Ⅰ级铁路、Ⅱ级铁路、Ⅲ级铁路和Ⅳ级铁路；按运营性质划分，可分为客运专线铁路、货运专线铁路、客货共线铁路。

铁路工程可分为路基工程、正线及站线轨道工程及其他相关工程。具体分类应符合下列规定：

1 路基工程可分为区间路基土石方工程、站场土石方工程和路基附属工程。

2 正线及站线轨道工程可分为正线轨道工程、站线轨道工程和线路有关工程。

3 其他相关工程可分为给排水工程、站场工程、环境保护工程等。

【释义】

本条是关于铁路工程的分类。一条完整的铁路线不仅仅包括路基工程、正线及站线轨道工程及其他相关工程，车站工程等属于建筑工程，通信、信号等工程属于机电工程。

4.3.3 城市轨道交通工程可分为地下铁道工程、轻轨交通工程和磁悬浮交通工程。

各类城市轨道交通工程包括路基工程、车站工程、正线及站线轨道工程、其他相关工程（给排水工程、环境保护工程等）。

【释义】

本条是关于城市轨道交通工程的分类。无论是地下铁道工程、轻轨交通工程，还是磁悬浮交通工程，均可划分为路基工程、车站工程、正线及站线轨道工程、其他相关工程。而桥梁、隧道分属于桥梁工程、隧道工程，车站工程等属于建筑工程，通信、信号及计算机信息系统等工程属于机电工程。

4.4 桥涵工程

4.4.1 桥涵工程可分为桥梁工程和涵洞工程两大类。

【释义】

本条是关于桥涵工程的分类。桥梁工程的功能有很多，如铁路桥梁工程、公路桥梁工程、市政桥梁工程、水利桥梁工程等；涵洞工程的功能也有很多，有过水涵洞工程、过动物涵洞工程等。

4.4.2 桥梁工程可分为基础工程、墩台工程、梁部结构工程、桥面工程及其他相关工程。

1 基础工程可分为桩基础、扩展基础、沉井基础、地下连续墙基础、组合式基础。按施工方法不同，桩基础可分为预制桩和灌注桩两大类。扩展基础包括配筋或不配筋的条形基础和单独基础。沉井基础按其形状不同，可分为圆形沉井、矩形沉井、圆端形沉井。按构筑材料不同，桥梁基础工程可分为混凝土或钢筋混凝土基础、石砌基础以及特殊情况下使用的钢、木结构基础等工程。

  2 墩台工程按施工方法不同，可分为桥位处就地施工和预制装配两种。

  3 梁部结构工程按结构不同，可分为梁式桥、拱式桥、悬索桥、斜拉桥、刚构桥和组合体系桥等。

  4 桥面工程按功能不同，可分为公路桥、铁路桥、公路铁路两用桥等。

  5 其他相关工程包括护坡工程、环境保护工程等。

  【释义】

  本条是关于桥梁工程的分类。桥梁工程的功能不同、跨越障碍不同、采用的材料不同、长度不同、桥面在桥跨结构中的位置不同，但其组成是一致的，均包括基础工程、墩台工程、梁部结构工程、桥面工程及其他相关工程。

4.4.3 涵洞工程可分为基础工程、洞身工程、端墙工程、翼墙工程及其他相关工程。

  按断面形式不同，涵洞工程可分为圆形涵洞、拱形涵洞、盖板箱形涵洞、矩形涵洞、框架涵、渡槽和倒虹吸管等工程。按涵顶填土情况不同，可分为明涵（涵顶无填土）和暗涵（涵顶填土大于50cm）；按水力性能不同，可分为无压涵、半压力涵和压力涵。

  【释义】

  本条是关于涵洞工程的分类。涵洞工程的功能不同、断面形式不同、涵顶填土情况不同、水力性能，但其组成是一致的，均包括基础工程、洞身工程、端墙工程、翼墙工程及其他相关工程。

4.5　隧　道　工　程

4.5.1 隧道工程可分为洞身工程、洞门工程、辅助坑道工程及隧道其他工程。

  【释义】

  本条是关于隧道工程的分类。隧道工程的功能不同、穿越地层不同、所处地理位置不同、断面形状不同，但其组成是一致的，均包括洞身工程、洞门工程、辅助坑道工程及隧道其他工程。

4.5.2 洞身工程可分为隧道洞身、明洞洞身和棚洞洞身等工程。

  【释义】

  本条是关于隧道洞身工程的分类。狭义的洞身工程是指隧道的衬砌，广义的洞身工程是指包括围岩在内的隧道承载结构。按隧道工程所处地理位置不同，洞身工程可分为隧道洞身、明洞洞身和棚洞洞身等工程。

4.5.3 洞门工程可分为翼墙式、端墙式、柱式、环框式、遮光或遮阳式等洞门工程。

  【释义】

  本条是关于隧道洞门工程的分类。洞门工程是为稳定隧道洞口、美化洞口环境、降低洞口亮度而设置的构造物。按结构类型不同，可分为翼墙式、端墙式、柱式、环框式、遮光或遮阳式等洞门工程。

4.5.4 辅助坑道工程可分为平行导洞、斜井、竖井等工程。

【释义】

本条是关于隧道辅助坑道工程的分类。为有利于隧道洞身开挖，可设置平行导洞、斜井、竖井等工程。

4.6 水 工 工 程

4.6.1 水工工程可分为水利水电工程、港口工程、航道工程及其他水工工程。

【释义】

本条是关于水工工程的分类。根据功能不同，水工工程包括水利水电工程、港口工程、航道工程及其他水工工程。

4.6.2 水利水电工程可分为拦河坝工程、泄洪工程、航运工程、水闸工程、过鱼工程、过木（竹）工程和其他水利水电工程。具体分类应符合下列规定：

1 拦河坝工程可分为地基开挖与处理工程、地基防渗工程、防渗心（斜）墙工程、坝体填筑工程、排水工程、上游坝面护坡工程、下游坝面护坡工程、坝顶工程、护岸及其他工程。

2 泄洪工程可分为溢洪道工程、泄洪洞工程、坝体引水工程、压力管道工程、引水渠道工程。具体分类应符合下列规定：

1) 溢洪道工程（含陡槽溢洪道、侧堰溢洪道、竖井溢洪道）可分为地基防渗及排水工程、进口引水段工程、闸室段或溢流堰工程、泄水段工程、消能防冲段工程、尾水段工程、护坡及其他工程。

2) 泄洪洞工程（含放空洞）可分为进水口或竖井工程、泄水段工程、工作闸门段工程、出口消能段工程、尾水段工程。其中，泄水段可分为有压泄水段和无压泄水段。

3) 坝体引水工程（含发电、灌溉、工业及生活取水口工程）可分为进水闸室段工程、引水段工程、厂坝联结段工程。

4) 压力管道工程可分为进水闸室段工程、调压井工程、压力管道段工程、回填与固结灌浆工程。

5) 引水渠道工程可分为进口闸室段工程，明渠、暗渠工程，前池工程，溢流堰及冲沙工程。

3 航运工程可分为船闸工程和升船机工程。具体分类应符合下列规定：

1) 船闸工程可分为上引航道工程、上闸首段工程、中闸首段工程、下闸首段工程、闸室段工程、下引航道工程。

2) 升船机工程可分为上引航道工程、升船机室工程、斜坡道工程、下引航道工程。

4 水闸工程可分为上游联结段工程、闸室段工程、消能防冲段工程、下游联结段工程、地基防渗及排水工程。

5 过鱼工程可分为鱼闸工程和鱼道工程。具体分类应符合下列规定：

1) 鱼闸工程可分为上鱼室工程、井或闸室工程、下鱼室工程。

2) 鱼道工程可分为进口段工程、槽身段工程、出口段工程。

6 过木（竹）工程可分为漂木（竹）道工程和筏道工程。

各类过木（竹）工程均可分为进口段工程、槽身段工程、出口段工程。

7 其他水利水电工程可分为渠道闸门工程（进水闸、分水闸、节制闸、泄水闸、冲砂闸等工程），干渠或支渠工程（含明渠、陡坡跌水、暗渠），堤防工程。

【释义】

本条是关于水利工程的分类。由于功能不同，水利工程包含坝、堤、溢洪道、水闸、进水口、渠道、渡槽、筏道、鱼道等不同类型的水工建筑物。

4.6.3 港口工程可分为码头主体构筑物工程、防护构筑物工程、码头其他工程。

1 码头主体构筑物工程可分为码头工程和码头后方陆域形成工程。具体分类应符合下列规定：

1） 码头工程可分为重力式码头、高桩码头、板桩码头、斜坡码头、浮码头等工程。

2） 码头后方陆域形成工程可分为地基处理、陆域形成、垫层和面层等工程。

2 防护构筑物工程可分为防波堤工程、护岸工程和海墙工程。

3 码头其他工程可分为交通运输工程、供电照明工程、供热工程、给排水工程、消防工程、燃油供应设施工程和环境保护工程。

【释义】

本条是关于港口工程的分类。包括码头主体构筑物工程、防护构筑物工程、码头其他工程。

4.6.4 航道工程可分为航道整治工程和助航设施工程。

1 航道整治工程可分为平顺护岸工程和航道疏浚工程。

2 助航设施工程可分为航标工程、灯塔工程、灯桩工程、导标工程、灯船工程和灯浮标工程等。

【释义】

本条是关于航道工程的分类。包括航道整治工程和助航设施工程。

4.7 矿 山 工 程

4.7.1 矿山工程可分为地下矿山工程、露天矿山工程、矿山配套工程三大类。矿山工程可分为煤炭矿山工程、黑色金属矿山工程、有色金属矿山工程、稀有金属矿山工程、非金属矿山工程和化工矿山工程等。

【释义】

本条是关于矿山工程的总体分类。包括地下矿山工程、露天矿山工程、矿山配套工程三大类。

4.7.2 地下矿山工程也称矿井工程，可分为井筒工程、特殊凿井工程、井底车场巷道及硐室工程、主要运输道及回风道工程、采区工程、充填系统工程、瓦斯抽排工程等。具体分类应符合下列规定：

1 井筒工程可分为立井井筒工程、斜井井筒工程、平硐工程（矿）、井筒横川及联络巷道工程。

2 特殊凿井工程可分为冻结孔造孔及冻结工程、注浆孔造孔及注浆工程、立井钻机钻井工程、井壁下放及壁后填充工程。

3 井底车场巷道及硐室工程可分为"马头门"工程、井底车场巷道及交岔点工程、各类硐室工程、井底煤仓工程。

4 主要运输道及回风道工程可分为主要运输石门（包括配风巷及横川）工程、主要回风石门（包括横川）工程、主要运输大巷（包括配风巷及横川）工程、主要回风道工程。

5 采区工程可分为采区输送机上下山工程、采区轨道上下山工程、采区回风上下山工程、采区人行上下山工程、采区溜煤下山工程、采区顺槽工程、采区工作面开切眼工程、采区车场工程、采区溜煤眼工程、采区煤仓工程。

6 充填系统工程可分为充填注砂巷道及喇叭沟硐室工程、采区充填沉淀池工程。

7 瓦斯抽排工程主要是指瓦斯抽排钻孔工程。

【释义】

本条是关于地下矿山工程的分类。具体分为井筒工程、特殊凿井工程、井底车场巷道及硐室工程、主要运输道及回风道工程、采区工程、充填系统工程、瓦斯抽排工程。

4.7.3 露天矿山工程可分为采剥工程、排土工程、井巷疏干工程等。具体分类应符合下列规定：

1 采剥工程可分为堑沟土岩及工程煤穿爆采装工程、一般土岩及工程煤穿爆采装工程。

2 排土工程可分为涨道工程、一般土岩排弃工程。

3 井巷疏干工程可分为井筒、巷道及附属硐室工程，井底水窝工程，井底排水沟工程，井底蓄水池工程，井底水泵房工程。

【释义】

本条是关于露天矿山工程的分类。具体分为采剥工程、排土工程、井巷疏干工程。

4.7.4 矿山配套工程可分为矿区防洪排涝工程、安全设施工程、环境保护和综合利用工程、场外运输工程等。

【释义】

本条是关于地下矿山工程和露天矿山工程之外的配套工程的分类。具体分为矿区防洪排涝工程、安全设施工程、环境保护和综合利用工程、场外运输工程。

4.8 架线与管沟工程

4.8.1 架线与管沟工程可分为架线工程和管沟工程两大类。

【释义】

本条是关于架线与管沟工程的总体分类。将架线与管沟工程分为两大类，即架线工程和管沟工程。

4.8.2 架线工程可分为送变电架线工程、电信架线工程、城市及道路照明架线工程及其他架线工程。

【释义】

本条是关于架线工程的分类。送变电、电信、城市及道路照明等工程中均包含架线工程。

4.8.3 管沟工程可分为油、气、水、浆等远程输送各类介质的管沟工程，城市（公共）管沟工程及其他管沟工程。

【释义】

本条是关于管沟工程的分类。远程输送油、气、水、浆等工程均包含管沟工程，城市中也存在大量的管沟工程，特别是近年来，公共管沟工程日益受到人们的广泛重视。

4.9 其他土木工程

4.9.1 其他土木工程是指上述土木工程以外的土木工程。

【释义】

本条是关于土木工程的补充。凡不属于道路工程、轨道交通工程、桥涵工程、隧道工程、水工工程、矿山工程、架线与管沟工程的土木工程，均划归为其他土木工程。

5 机 电 工 程

【释义】

一、机电工程项目的定义

1. 机电工程项目是建设工程项目的组成部分

机电工程项目是指按照一定的工艺和方法，将不同规格、型号、性能、材质的设备、管路、线路等有机组合起来，满足使用功能要求的项目。设备是指各类机械设备、静置设备、电气设备、自动化控制仪表和智能化设备等。管路是指按等级使用要求，将各类不同压力、温度、材质、介质、型号、规格的管道与管件、附件组合形成的系统。线路是指按等级要求，将各类不同型号、规格、材质的电线电缆与组件、附件组合形成的系统。

2. 机电工程项目涉及国民经济各行业

（1）装备制造业：主要是各类机械、电工、电子装备及汽车制造业等。

（2）冶金行业：主要是黑色冶金、有色冶金、稀有金属冶炼、放射性材料提炼等。

（3）石油、化工及石化行业：主要是陆上或海上油气田建设、成品油提炼、油气长途输送、城镇燃气管网、油气储库、人造化学纤维、塑料、重化工（三酸三碱）、农药、精细化工、制药等。

（4）电力行业：主要是火电、水电、核电、风电、地热发电和太阳能发电以及输配电等。

（5）建材行业：主要是水泥、玻璃、建材制品等。

（6）轻纺行业：主要是纺织、造纸、制革、烟草、酿造、食品等。

（7）建筑行业：主要是工业厂房、公用建筑、住宅小区、村镇建筑和农居等。

（8）其他行业：主要是农林、矿山、铁路、交通、民航、水利、港口、航空航天、造船、兵器及通信广播等。

二、机电工程项目的特点

实施机电工程项目建设，从工程实体来分析，就是将设备和材料依据设计要求，通过技术手段和管理手段有机组合起来，使之具有独立完整的生产功能或服务功能。采用的手段要符合机电工程项目的特点才能行之有效，达到事半功倍的效果。

1. 机电工程项目建设的特征

（1）设备制造的继续。

①由于大型设备受运输道路和起重能力的限制，不能在工厂组合成一个整体设备出厂，需以部件形式运到现场经组合后成为其有独立功能的单体设备。如大型水压机、电站锅炉、造纸机、各类远程输送机械等。

②有些设备依附于建筑物本体，无法在工厂内组装成完整的设备，需将部件运抵现场进行组装和调整，并做测试，如电梯就是典型的例子。

③大型储罐如液化气低温双层罐、煤气柜等只能在工厂分片预制，运至现场后组装成

成品，从本质上看，产品的现场组装工作应属于制造的继续。

（2）散件装置的组合。

①被安装的工程设备，每件都在工厂制造完成具有独立功能的单体，包括动设备和静设备，运抵现场后安装就位固定，再将各单体间联系的管道、线缆及控制系统连接起来，使之具有工艺需要的功能，如烧碱厂的盐水制备车间、高炉的压风机房等。

②现代的制造技术要求，能在工厂内完成的工作，尽量在工厂内完成以减少现场的施工工作量，于是建筑信息模型（BIM）技术，模块法制作、安装应运而生，如火电厂汽机房的油站、炼油厂脱硫工段的转换鼓风站等都将设备、管道、电气、仪表等组装在一个钢平台上，组成一个具有工艺功能的单体模块，运抵现场后固定就位，只要按工艺要求连通输入和输出接口，接通电源和自控仪表的信息回路，就可投入单体试运转。

（3）制作与安装的结合。

房屋建筑安装工程中通风与空调工程和非标准金属结构工程均需对建筑物实体进行测绘后才能制作精准，使安装方便正确，因而不能将安装的"安"字仅理解为安放之意。

（4）特有的长途沿线作业。

主要是长途的输水、输油、输气以及其他物料输送（如矿粉、煤灰）管路和长途输电线路（包括架空线路和埋地电缆线路），同时还含有途中的各类站点。

2．机电工程项目实体的特点

机电工程具有建设项目普遍的特点，即工程实体的单件性、固着性和建设的长期性，大部分形体的庞大性。

机电工程项目独有的特点是：

（1）设计的多样性。由于机电工程涉及许多行业，每个行业各有设计标准及独立的设计风格，因而确定了机电工程项目设计的多样性。

（2）工程运行的危险性。机电工程运行中大部分要动态运行，有高温、高压、易燃、易爆的特点，工程实体要能经受这些危险因素的考验。

（3）环境条件的苛刻性。有些项目建在水下、高山、高寒、多尘砂、多盐雾地区，同样工程实体要能经受这些恶劣环境的考验。

3．机电工程项目施工安装的特点

（1）技术知识方面。

①涉及的学科和专业门类多。由于施工对象的多样化，涵盖了不同学科和专业领域，需用各类专业技术知识去解决相关问题。

②技术知识更新快。由于科技创新加快，使工程设备更新快，自动化程度提高，导致施工安装管理人员和作业人员要相应更新技术知识和作业技能。

（2）作业手段方面。

①随着工程项目规模日趋增大，特别是高大建筑、高大超重的装置增加，促使大型吊装运输工作量增多，对整体吊装的要求越来越高。

②工程中应用的新设备、新材料日益增多，促使施工工艺要不断更新，与时俱进。

③大型精密设备组装量的增多，控制系统自动化程度的提高、计算机应用面扩大、特殊材料焊接和自动焊接技术推广应用增加等，推动了施工机具和工艺的更新，也促使检测

仪器仪表的精度提高。

④随着土地资源日趋紧张和投资控制日益严格，工程的布局更紧凑，因此供施工用的场地变少，对预制的安排、运输的路径规划要求更为严格合理。

⑤机电工程要经过动态试运行考核，方可验证其设计、工程设备制造、施工安装等质量的优劣。对建筑安装的机电工程，要验证其是否能满足建筑物预期功能的需要；对工业安装的机电工程，要验证其是否满足工艺生产的需要，且以生产的最终产品的质量和数量是否满足工艺设计预期要求为主要考核指标。考核过程中要消耗较多的能源（煤、电、油、气等）。建筑安装机电工程的考核，有些部分受气候条件的限制，如采暖工程不能在夏天进行，通风与空调工程要在适当环境温度下考核其制冷或供热效果。而工业机电工程的考核除消耗能源外，还要投入大宗的原材料进行模拟生产。

⑥实行工程建设总承包的机电工程项目，在交工验收过程中，依据承包合同约定，承包方要对业主的维护修理人员进行培训，并编制整个机电工程的维护保养和使用说明书，尤其是采用进口设备材料的机电工程，还应把提供的外文图纸资料翻译成中文，并符合国际惯例。

（3）工程质量验收评定方面。

由于工业机电工程具有专业种类多、技术复杂、质量要求高等特点，工业安装工程质量的好坏将直接关系到工艺生产线能否正常、安全、经济地投入运行。因此，一个工程质量的优劣取决于对工程各个环节质量的监督、检查。搞好工程质量验收评定工作将有利于加强企业管理，提高工程管理水平，有利于保证工程顺利进行并保证工程质量，有利于提高企业的社会效益和经济效益。

三、机电工程项目的组成

机电工程项目可分为工业（含其他行业）和民用公用建筑两大类。工业机电工程建设的目的是为人们提供合格的、有足够数量的、符合市场需求的产品，这些产品可能是中间产品或是最终产品（当然，军工项目也应属于工业机电工程项目，但生产的产品使用目的不同）。民用公用建筑机电工程项目建设的目的是为满足建筑物预期使用功能的需要，以提供人们舒适、安全的生活或工作环境。两类不同的工程项目采用的设备或材料是相通的，其区分是以用途不同来划定的。

1. 机电工程建设项目的范围

（1）机电工程项目是指按照总体设计进行建设的项目总成，范围通常包含：

①在厂界或建筑物之内总图布置上表示的所有拟建工程。

②与厂界或建筑物各协作点相连的所有相关工程。

③与生产或运营相配套的生活区内的一切工程。

④某些项目（如长输管道工程、输配电工程）则以干线为主，辅以各类站点，干线施工完成后，依法设置保护区，有明显警示标识，而无厂界。

（2）机电工程建设项目组成部分。机电工程建设项目一般由下述各项中的一个或几个部分组成：

①工艺装置或单元。可能是一套或多套。

②公用工程。包括室内外工艺管网、给水管网、排水管网、供热系统管网、通风与空

调系统管网，变配电所及其布线系统，通信系统及其线网。

③辅助设施。包括空压站、制冷站、换热站、供氧站、乙炔站、供汽站等各类动力站，还有化验室、废渣堆埋场、废水处理回收用装置和维修车间等。

④按总图布置标示的工程有大门、警卫室、围墙、运输通道、绿化等。

⑤仓储设施。包括仓库、各类储罐和装卸台等。

⑥消防系统。包括各类消防管网和消防设备站，以及火灾报警系统。

⑦生活办公设施。包括办公楼及宿舍区。

⑧相关工程。包括引入的电力线路、给水总管、热力总管，排水总管、污水总管，以及专用铁路、通信干线、公路等。

（3）机电工程建设项目专业组成。

每个具体项目依据项目性质由以下几种专业工程联合组成：土建工程，给水、排水、采暖、卫生工程，电气工程，通风与空调工程，工艺管道工程，工艺金属结构工程，设备安装工程，炉窑砌筑工程，自动化仪表工程，建筑智能化工程，自动消防灭火工程，防腐绝热工程，通信工程，太阳能利用工程，其他工程。

2. 机电工程建设项目的分类

（1）以项目建设的性质划分。

①新建项目。是指地块上原来没有的新开工建设的项目。若原有规模很小，经重新总体设计，扩大规模使新增加的固定资产值超过原有固定资产值三倍以上，也可视为新建项目。

②扩建项目。是指已有的企业为扩大生产或服务，在不改变原有功能的前提下而兴建的工程。

③改建项目。是指由于技术进步、工艺更新、淘汰落后设备装置、提高产品或服务质量，或为改变功能而兴建的工程。

④复建项目。是指由于不可抗力作用遭受大部或全部报废固定资产的单位，或者由于宏观调控等原因中途停建的单位，使其恢复应有的生产能力或服务的工程。

⑤迁建项目。是指由于各种原因，将原有单位迁移至异地进行生产或服务，并不改变功能而兴建的工程。如迁至异地无此项目，则应对迁出地视为迁建项目，而迁入地视为新建项目。

（2）以项目建设规模划分。

①按投资额的大小或产品的年生产量或在经济发展中的重要程度或项目所在地域的情况，可将工程项目划分为大型、中型、小型。

②大型、中型、小型的划分是由国家主管部门制定标准而实行的，这个标准是会随着经济的发展而修订更迭。

5.1　一般规定

5.1.1　机电工程可分为机械设备工程、静置设备与工艺金属结构工程、电气工程、自动化控制仪表工程、建筑智能化工程、管道工程、消防工程、净化工程、通风与空调工程、设备及管道防腐蚀与绝热工程、工业炉工程、电子与通信及广电工程等。

【释义】

（1）本条是机电工程分类的一般规定。通常各个建设工程项目的机电工程都包含本条所列的几个工程。

如一座商务大楼机电工程通常包括机械设备工程、电气工程、自动化控制仪表工程、建筑智能化工程、管道工程、消防工程、通风与空调工程、设备及管道防腐蚀与绝热工程、通信工程等。

如一个工厂或矿山井下机电工程包括机械设备工程、工艺金属结构工程、电气工程、自动化控制仪表工程、管道工程、消防工程、通风与空调工程、设备及管道防腐蚀与绝热工程、通信工程等。

（2）公路、铁路、水利、农林、商贸等的建设工程项目中的机电工程通常亦都包含本条所列的几个工程。

（3）工业机电工程是指有固定的设计生产工艺流程，有专门的生产线，有主车间和辅助车间，在生产线上有主体设备和辅助设备，生产线的产品有主要产品，一般还有附属产品。如制氧站的生产工艺线的主产品是氧气，附属产品是氩气、氮气、二氧化碳等。又如硫化铁矿冶炼，焙烧工艺的主产品是铁精矿，附属产品是将二氧化硫烟气回收，经过净化、吸收、转化工艺制成硫酸等。又如火力发电厂，其主产品是电力，附属产品有废水、废气、废渣等，为此，配置相应的处理装置。这是与建筑安装工程明显不同之处。

5.2 机械设备工程

5.2.1 机械设备工程可分为通用设备安装工程、起重设备安装工程、锅炉设备安装工程、专用设备安装工程等。

【释义】

本条是机械设备工程的通常分类。共四个部分，即通用设备安装工程、起重设备安装工程、锅炉设备安装工程、专用设备安装工程。

5.2.2 通用设备安装工程可分为切削设备安装工程、锻压设备安装工程、铸造设备安装工程、输送设备安装工程、风机设备安装工程、泵设备安装工程、压缩机设备安装工程、其他机械设备安装工程。

【释义】

（1）本条是通用设备安装工程分类。通用设备是指通用性强、用途较广泛的设备。通用设备安装工程包括各类切削设备安装工程、锻压设备安装工程、铸造设备安装工程、输送设备安装工程、风机设备安装工程、泵设备安装工程、压缩机设备安装工程、其他机械设备安装工程。

如一个机械制造厂的机加车间、一个工厂的维修车间的各类切削设备安装，包括各类车、铣、刨、磨床等安装。

（2）其他机械设备安装工程是指不属于以上设备的安装工程，如组合机床、加工中心等。

（3）专用风机、石油化工用泵、潜水泵、透平压缩机等设备的安装工程，都分别包括在风机设备安装工程、泵设备安装工程、压缩机设备安装工程内。

5.2.3　起重设备安装工程可分为桥式起重机安装工程，门式起重机安装工程，塔式起重机安装工程，流动式起重机安装工程，铁路起重机安装工程，港口、电站门座起重机安装工程，机械式停车设备安装工程，升降机安装工程，缆索起重机安装工程，桅杆起重机安装工程，悬臂式起重机安装工程，客运索道安装工程，电梯安装工程，其他起重设备安装工程等。

【释义】

（1）本条是起重设备安装工程分类。起重设备是特种设备，起重设备安装按国家规定必须向特种设备管理部门申报资格、报装许可后才能安装，经监督、检查、试验、验收合格后方可使用。

（2）流动式起重机通常指汽车式起重机、履带式起重机、轮胎式起重机等。

（3）其他起重设备安装是指专门针对某一种或一类对象或实现一项或几项功能的起重设备安装。

5.2.4　电梯安装工程可分为曳引式电梯安装工程，液压式电梯安装工程，自动扶梯、自动人行道安装工程，小型杂货电梯安装工程，观光梯安装工程，安全附件及安全保护装置安装工程，其他电梯安装工程等。

【释义】

（1）本条是电梯安装工程分类。电梯是特种设备，电梯设备安装由电梯制造单位负责。按国家规定必须向特种设备管理部门申报资格、报装许可后才能安装，经监督、检查、试验、验收合格后方可使用。

（2）其他电梯安装是指专门针对某一种或一类对象或实现一项或几项功能的电梯安装。

5.2.5　锅炉设备安装工程可分为成套整装锅炉安装工程，过路钢架安装工程，散装锅炉本体设备安装工程，锅炉风机安装工程，锅炉除尘装置安装工程，锅炉制粉系统安装工程，锅炉烟、风、煤管道安装工程，锅炉其他辅助设备安装工程，锅炉炉墙砌筑工程，卸煤设备安装工程，煤场机械设备安装工程，碎煤设备安装工程，上煤设备安装工程，水力冲渣、冲灰设备安装工程，化学水处理系统设备安装工程，锅炉补给水除盐系统设备安装工程，凝结水处理系统设备安装工程，循环水处理系统设备安装工程，给水、炉水校正处理系统设备安装工程，其他锅炉设备安装工程等。

【释义】

（1）本条锅炉设备安装工程是按锅炉设备系统进行分类。

（2）锅炉是特种设备，锅炉设备安装按国家规定必须向特种设备管理部门申报资格、报装许可后才能安装，经监督、检查、试验、验收合格后方可使用。

（3）锅炉设备虽可按用途分为一般锅炉、工业锅炉、电厂锅炉，按压力高低分为低压、次高压、高压、超高压锅炉，但是都可包括本条锅炉设备安装工程中的若干锅炉设备系统。

（4）其他锅炉设备安装工程是指专门针对某一种或一类对象或实现一项或几项功能的锅炉设备安装工程。

5.2.6　专用设备安装工程可分为火力发电设备安装工程、水力发电设备安装工程、核电设备安装工程、矿业设备安装工程、轻工设备安装工程、纺织设备安装工程、石油化工设备安装工程、冶金设备安装工程、建材设备安装工程、其他专用设备安装工程等。

1 火力发电设备安装工程可分为汽轮发电机组本体安装工程、汽轮发电机组辅助设备安装工程、汽轮发电机附属设备安装工程、化学专用设备安装工程、脱硫设备安装工程、燃气-蒸汽联合循环机组设备安装工程、空冷机组安装工程、其他设备安装工程。

2 水力发电设备安装工程可分为水轮发电机组安装工程、抽水蓄能机组安装工程、水泵机组安装工程、启闭机安装工程、水力机械辅助设备安装工程、其他设备安装工程。

3 核电设备安装工程可分为压水堆设备安装工程、重水堆设备安装工程、高温气冷堆设备安装工程、石墨型设备安装工程、动力型设备安装工程、试验反应堆设备安装工程、其他设备安装工程。

4 矿业设备安装工程可分为提升机房安装工程,采煤机、掘井机设备安装工程,井口、井筒装备及井底车场设备实施安装工程,井下输送设备实施安装工程,空压机、井下通风、排水、排泥设备及设施安装工程,带式输送机、制板输送机安装工程,货运架空索道安装工程,矿用变配电及控制设备安装工程,井下接地及照明安装工程,井下通信及信号设备安装工程,井下电线、电缆敷设安装工程,矿用电气设备调试安装工程,电机车牵引网络安装工程,地面窄轨铺设安装工程,井下钢管道安装工程,井下管道及金属构件防腐蚀工程,凿井临时设备安装及拆除工程,露天矿设备安装工程,选矿(煤)厂设备安装工程,其他设备安装工程。

5 轻工设备安装工程可分为制浆造纸机械安装工程、制糖机械安装工程、制盐机械安装工程、日化机械安装工程、食品饮料机械安装工程、日用硅酸盐机械安装工程、烟草机械安装工程、皮革机械安装工程、日用机械及家电机械安装工程、化纤机械安装工程、纺丝机安装工程、织布机安装工程、其他设备安装工程。

6 纺织设备安装工程可分为棉纺织设备安装工程,麻纺织设备安装工程,印染设备安装工程,粘胶纤维设备安装工程,涤纶、锦纶、丙纶设备安装工程,丝绸织设备安装工程,非制造布设备安装工程,氨纶设备安装工程,色织设备安装工程,毛纺织设备安装工程,针织设备安装工程,腈纶设备安装工程,聚酯及固相缩聚设备安装工程,其他设备安装工程。

7 石油化工设备安装工程可分为液体输送设备安装工程、非均相分离设备安装工程、搅拌与混合设备安装工程、冷冻设备安装工程、结晶与干燥设备安装工程、橡胶塑料机械安装工程、分离过滤机械安装工程、其他设备安装工程。

8 冶金设备安装工程可分为烧结设备安装工程、炼焦及化学回收设备安装工程、耐火材料设备安装工程、炼铁设备安装工程、炼钢设备安装工程、轧钢设备安装工程、制氧设备安装工程、鼓风设备安装工程、煤气发生设备安装工程、其他设备安装工程。

9 建材设备安装工程可分为水泥设备安装工程、玻璃设备安装工程、陶瓷设备安装工程、耐火材料设备安装工程、新型建筑材料设备安装工程、无机非金属材料及制品设备安装工程、其他设备安装工程。

10 其他专用设备安装工程可分为环保设备安装工程、节能设备安装工程、风电设备安装工程、可再生能源设备安装工程、其他设备安装工程。

【释义】

（1）专用设备是指专门针对某一种或一类对象或产品实现一项或几项功能的设备。

（2）本条专用设备安装工程按专业分类。其他专业的专用设备安装工程均列入其他专用设备安装工程中。

5.3 静置设备与工艺金属结构工程

5.3.1 静置设备与工艺金属结构工程可分为静置设备工程，气柜工程，氧舱工程，工艺金属结构工程，铝制、铸铁、非金属设备安装工程，其他设备安装工程。

【释义】

（1）静置设备与工艺金属结构相对标准设备通常称为非标准设备。是根据工艺需要，专门设计制造且未列入国家设备产品目录的设备。静置设备是相对机械设备（动设备）而称。

（2）本条是静置设备与工艺金属结构工程的分类。在建设工程的机电工程项目中应用广泛。

（3）静置设备与工艺金属结构工程中的其他设备安装工程是不包括以上的静置设备与工艺金属结构工程，如水电工程中的金属结构工程。

5.3.2 静置设备工程可分为反应设备安装工程、塔设备安装工程、换热设备安装工程、分离设备安装工程、储存容器安装工程、其他设备安装工程。

5.3.3 储存容器安装工程可分为拱顶罐制作、安装工程，浮顶罐制作、安装工程，加热器制作、安装工程，球形罐组对安装工程，移动式压力容器安装工程，低温双壁储罐制作、安装工程。

5.3.4 气柜工程可分为湿式气柜制作、安装工程，干式气柜制作、安装工程，其他设备安装工程。

5.3.5 氧舱工程可分为医用氧舱安装工程、高压氧舱安装工程、再压舱安装工程、高海拔实验舱安装工程、潜水钟安装工程、其他设备安装工程。

5.3.6 工艺金属结构工程可分为联合平台制作、安装工程，平台制作、安装工程，梯子、栏杆、扶手制作、安装工程，桁架、管廊、设备框架、单梁结构制作、安装工程，设备支架制作、安装工程，漏斗、料仓制作、安装工程，烟筒、烟道制作、安装工程，火炬及排气筒制作、安装工程，其他工艺金属结构制作、安装工程。

【释义】

工艺金属结构工程包括各类工艺金属结构制作、安装工程，但不包括建筑金属结构。

5.3.7 铝制、铸铁、非金属设备安装工程可分为铝制设备安装工程、铸铁设备安装工程、玻璃钢设备安装工程、PVC设备安装工程、聚酯设备安装工程、其他设备安装工程。

5.4 电 气 工 程

5.4.1 电气工程可分为工业电气工程和建筑电气工程。

【释义】

（1）电气工程为城乡和工厂提供能源，发挥城市和建筑物的功能，为设备供给动力，为工厂生产合格产品提供保障。

（2）所有电气工程都由电气装置、线路系统和用电设备电气部分组成。

①电气装置：指的是高低压电气设备及其控制设备。包括变压器、成套高低压配电装置、控制、保护设备及低压电器、防雷及接地装置等。其特征是由多种元器件组合而成，具有独立的功能。

②线路系统：各类线路的组合。包括电线电缆及其外护用的导管、桥架、线槽和附件等。如裸母线、封闭母线、低压封闭插接式母线、照明多回路插接小母线等，所有固定、支承、绝缘用的附件均属于线路系统的范畴。

③用电设备电气部分：是与设备配套的电力驱动、电加热和电照明等直接消耗电能并转换成其他能的部分。包括电动机、电加热器、电光源等及控制设备。建筑物的照明灯具、装饰灯具和开关插座以及供给建筑智能化工程的电源均属于用电设备的电气部分。

（3）电气工程可分为工业电气工程和建筑电气工程。

工业电气工程包括各类工业、矿业、交通、铁路、水利等各行业电气工程。

建筑电气工程是按《建筑工程施工质量验收统一标准》GB 50300—2001 中的建筑电气安装工程进行划分。

5.4.2　工业电气工程可分为变压器安装工程，配电装置安装工程，母线安装工程，控制、保护设备及低压电器安装工程，蓄电池安装工程，电机安装工程，防雷及接地装置安装工程，电气装置调整试验工程，电气线缆安装工程，照明器具安装工程。

1　变压器安装工程可分为油浸电力变压器安装工程、干式变压器安装工程、气体绝缘变压器安装工程、整流变压器安装工程、自耦式变压器安装工程、调压变压器安装工程、电炉变压器安装工程。

2　配电装置安装工程可分为断路器安装工程、真空接触器安装工程、高压开关安装工程、互感器安装工程、高压熔断器安装工程、避雷器安装工程、电抗器安装工程、电容器安装工程、高压成套配电柜安装工程、组合型成套厢式变电站安装工程、环网柜安装工程、气体绝缘开关设备（GIS）组合电器安装工程、低压配电屏安装工程、整流柜安装工程。

3　母线安装工程可分为软母线安装工程、组合软母线安装工程、带形母线安装工程、槽形母线安装工程、共箱母线安装工程、低压封闭式插接母线槽安装工程、重型母线安装工程、电炉变压器短网安装工程、直流母线安装工程。

4　控制、保护设备及低压电器安装工程可分为显示屏安装工程，控制柜、箱（含器件）安装工程，控制台安装工程，控制开关安装工程，保护屏、计量屏、直流屏、交流屏安装工程，继电保护和自动装置安装工程，不间断电源安装工程，照明配电箱安装工程。

5　蓄电池安装工程可分为防振支架安装工程、蓄电池安装工程等。

6　电机安装工程可分为发电机安装工程，调相机安装工程，普通小型直流电动机安装工程，可控硅调速直流电动机安装工程，普通交流同步电动机安装工程，低压交流异步电动机安装工程，高压交流异步电动机安装工程，交流变频调速电动机安装工程，微型电机、电加热器安装工程，电动机组安装工程，备用励磁机组安装工程，励磁电阻器安装工程。

7　防雷及接地装置安装工程可分为接地装置安装工程，避雷装置安装工程。

8　电气装置调整试验工程可分为电力变压器系统调试工程，送配电装置系统调试工程，特殊保护装置调试工程，自动投入装置调试工程，中央信号装置、事故照明切换装置、不间断电源调试工程，母线调试工程，避雷器、电容器调试工程，电抗器、消弧线圈、电除尘器调试工程，硅整流设备、可控硅整流装置调试工程，交、直流电机调速装置调试工程，变电站综合自动化系统调试工程，发电机系统调试工程，整流变压器调试工程，电炉变压器调试工程，动态补偿及滤波装置调试工程。

9　电气线缆安装工程可分为架空配电线路工程，架空送电线路工程，电缆安装工程，滑触线装置安装工程，配管、配线工程。

10　照明器具安装工程可分为普通吸顶灯及其他灯具安装工程、工厂灯安装工程、装饰灯安装工程、荧光灯安装工程、医疗专用灯安装工程、一般线路广场灯安装工程、高杆灯安装工程、桥栏杆灯安装工程、地道涵洞灯安装工程。

5.4.3　建筑电气工程可分为室外电气安装工程、变（配）电室安装工程、供电干线安装工程、电气动力安装工程、电气照明安装工程、备用和不间断电源安装工程、防雷及接地安装工程、其他建筑电气安装工程。

【释义】

（1）建筑电气工程分为室外电气、变（配）电室、供电干线、电气动力、电气照明安装、备用和不间断电源安装和防雷及接地安装子分部工程。

（2）每个子分部工程又由若干个分项工程组成。如防雷及接地安装子分部工程又划分为接地装置安装，避雷引下线和变（配）电室接地干线敷设，建筑物等电位连接，接闪器安装等分项工程。

5.5　自动化控制仪表工程

5.5.1　自动化控制仪表工程可分为过程检测仪表工程，过程控制仪表工程，集中检测装置、仪表工程，集中监视与控制仪表工程，工业计算机安装与调试工程，仪表管路敷设工程，工厂通信、供电工程，仪表盘、箱、柜及附件安装工程，仪表附件安装工程。

【释义】

（1）自动化控制仪表工程是对机电设备运行进行监视、测量、调节的主要系统。主要包括仪表控制系统、集中控制系统。

（2）仪表控制系统包括过程检测仪表、过程控制仪表等。

（3）集中控制系统包括集中检测装置仪表，集中监视与控制仪表，工业计算机，仪表盘、箱、柜及附件等。

5.5.2　过程检测仪表工程可分为温度仪表安装工程、压力仪表安装工程、流量仪表安装工程、物位检测仪表安装工程、显示仪表安装工程、分析仪表安装工程、特殊仪表安装工程。

5.5.3　过程控制仪表工程可分为电动单元组合仪表安装工程、气动单元组合仪表安装工程、组装式综合控制仪表安装工程、基地式调节仪表安装工程、执行仪表安装工程、仪表回路模拟实验安装工程。

5.5.4 集中检测装置、仪表工程可分为机械量仪表安装工程、过程分析和物性检测仪表安装工程、气象环保检测仪表安装工程。

5.5.5 集中监视与控制仪表工程可分为安全检测装置安装工程、工业电视安装工程、运动装置安装工程、顺序控制装置安装工程、信号报警装置安装工程、数据采集及巡回检测报警装置安装工程。

5.5.6 工业计算机安装与调试工程可分为工业计算机设备安装与调试工程、管理计算机调试工程、基础自动化装置调试工程、控制系统软件组态及调试工程、控制系统及网络安装与调试工程。

5.5.7 仪表管路敷设工程可分为钢管敷设工程，不锈钢管及高压管敷设工程，仪表气源管敷设工程，仪表电缆桥架敷设工程，管缆敷设工程，仪表设备与管路伴热、仪表设备与管路脱脂工程。

5.5.8 工厂通信、供电工程可分为工厂通信线路安装工程、工厂通信设备安装工程、供电系统安装工程。

5.5.9 仪表盘、箱、柜及附件安装工程可分为盘、箱、柜安装，盘、柜附件、元件制作、安装。

5.5.10 仪表附件安装工程可分为仪表阀门安装工程，仪表支、吊架安装工程，仪表附件安装工程。

5.6 建筑智能化工程

5.6.1 建筑智能化工程可分为智能化集成系统工程、信息设施系统工程、信息化应用系统工程、设备管理系统工程、公共安全系统工程、机房工程、环境工程。

【释义】

（1）建筑智能化是以建筑为平台，兼备建筑设备、办公自动化及通信网络系统，集结构、系统、服务和管理之间的最优化组合，向人们提供一个安全、高效、舒适、便利的建筑环境。

（2）智能化集成系统是在建筑设备监控系统、安全防范系统、火灾自动报警及消防联动系统等各子分部工程的基础上，实现建筑物管理系统（BMS）集成。

（3）信息网络系统是应用计算机技术、通信技术、多媒体技术、信息安全技术和行为科学和设备构成的信息网络平台，实现信息共享和信息的传递与处理。

（4）设备管理系统是对建筑群与建筑物内的通风与空调、变配电、照明、给排水、热源与热交换、冷冻和冷却及电梯和自动扶梯等设施进行集中监视、控制和管理的综合系统。

（5）公共安全系统是对入侵报警、视频安防监控、出入口控制等子系统进行组合或集成，实现对各子系统的有效联动、管理或监控的电子系统。

5.6.2 智能化集成系统工程可分为智能化系统信息共享平台建设安装工程、信息化应用功能实施安装工程。

5.6.3 信息设施系统工程可分为电话交换系统安装工程、信息网络系统安装工程、综合布线系统安装工程、室内移动通信覆盖系统安装工程、卫星通信系统安装工程、有线电视及卫星电视接收系统安装工程、广播系统安装工程、会议系统安装工程、信息导引及发布系统安装工程、时钟系统安装工程。

5.6.4 信息化应用系统工程可分为工作业务应用系统安装工程、物业运营管理系统安装工程、公共服务管理系统安装工程、公众信息服务系统安装工程、智能卡应用系统安装工程、信息网络安全管理系统安装工程。

5.6.5 设备管理系统工程可分为热力管理系统安装工程，制冷管理系统安装工程，空调管理系统安装工程，给排水管理系统安装工程，电力管理系统安装工程，照明控制管理系统安装工程，电梯检测、监视、控制管理系统安装工程。

5.6.6 公共安全系统工程可分为安全技术防范系统安装工程、应急联动系统安装工程。

5.6.7 机房工程可分为信息中心设备机房安装工程、数字程控交换机系统设备机房安装工程、通信系统总配线设备机房安装工程、消防监控中心机房安装工程、安防监控中心机房安装工程、智能化系统设备总控室安装工程、通信接入系统设备机房安装工程、有线电视前端设备机房安装工程、弱电间（电信间）和应急指挥中心安装工程。

5.6.8 环境工程可分为环境检测工程、绿化工程、音乐喷泉安装工程。

5.7 管道工程

5.7.1 管道工程可分为长输（油气）管道工程（GA）、公用管道工程（GB）、工业管道工程（GC）、动力管道工程（GD）。

【释义】

（1）管道由管道组成件和管道支承件组成，用以输送、分配、混合、分离、排放、计量、控制或制止流体流动。

管道组成件是用于连接或装配管道的元件，包括管子、管件、法兰、垫片、紧固件、阀门以及膨胀接头、挠性接头、耐压软管、疏水器、过滤器和分离器等。

管道支承件是管道安装件和附着件的总称。

管道安装件是将负荷从管子或管道附着件上传递到支承结构或设备上的元件，包括吊杆、弹簧支吊架、斜拉杆、平衡锤、松紧螺栓、支撑杆、链条、导轨、锚固件、鞍座、垫板、滚柱、托座和滑动支架等。

管道附着件是用焊接、螺栓连接或夹紧等方法附装在管子上的零件，它包括管吊、吊（支）耳、圆环、夹子、吊夹、紧固夹板和裙式管座等。

（2）按《特种设备安全监察条例》（国务院令第549号）压力管道范围规定：

最高工作压力大于或者等于0.1MPa（表压）的气体、液化气体、蒸汽介质或者可燃、易爆、有毒、有腐蚀性、最高工作温度高于或者等于标准沸点的液体介质，且公称直径大于25mm的管道。

（3）按压力管道安装许可类别及其级别划分：

长输（油气）管道：GA类压力管道，分为GA1、GA2级；

公用管道：GB类压力管道，分为燃气管道（GB1级）、热力管道（GB2级）；

工业管道：GC类压力管道，分为GC1、GC2、GC3级；

动力管道：GD类压力管道，分为GD1、GD2级。

（4）压力管道工程根据《特种设备安全监察条例》（国务院令第549号）的规定，是涉及生命安全、危险性较大的设备（设施）工程。

从事压力管道安装的单位，应按压力管道的类别及其级别取得安装许可。国家质检总局负责GA类、GC1级和GD1级压力管道安装许可的受理、审批、发证，省级质量技术监督部门负责本辖区内其他级别的压力管道安装许可的受理、审批、发证（参见《压力管道安装许可规则》TSG D3001—2009中"书面告知"部分）。

压力管道安装单位应当在压力管道安装施工（含试安装）前履行告知手续。承担跨省长输管道安装的安装单位，应当向国家质检总局履行告知手续；承担省内跨市长输管道安装的安装单位，应当向省级质量技术监督部门履行告知手续；其他压力管道的安装单位，应当向设区的市级质量技术监督部门履行告知手续。

（5）工业管道工程应按产品生产工艺流程，把生产设备连接成完整的生产工艺系统，在工业生产中输送介质和为生产服务，满足生产工艺、安全运行、低能耗、无污染要求。工业管道安装遵循《工业金属管道工程施工规范》GB 50235—2010、《压力管道安全技术监察规程——工业管道》TSG D0001—2009和《工业管道的基本识别色、识别符号和安全标识》GB 7231—2003 施工。

（6）建筑管道工程按专业系统划分为室内给水系统、室内排水系统、室内热水供应系统、卫生器具安装、室内采暖系统、室外给水管网、室外排水管网、室外供热管网、建筑中水系统及游泳池系统、供热锅炉及辅助设备安装等子分部，每个子分部又由若干个分项工程组成。如卫生器具安装子分部划分为卫生器具安装、卫生器具给水配件安装、卫生器具排水管道安装三个分项工程。

5.7.2 长输（油气）管道工程（GA）可分为一级甲（GA1甲）、一级乙（GA1乙）、二级（GA2）。

5.7.3 公用管道工程（GB）可分为一级（GB1）、二级（GB2）。

5.7.4 工业管道工程（GC）可分为一级（GC1）、二级（GC2）、三级（GC3）。

5.7.5 动力管道工程（GD）可分为一级（GD1）、二级（GD2）。

5.8 消 防 工 程

5.8.1 消防工程可分为火灾自动报警系统工程，消防给水系统工程，消火栓系统工程，自动喷水灭火系统工程，水喷雾灭火系统工程，细水雾灭火系统工程，气体灭火系统工程，泡沫灭火系统工程，干粉灭火系统工程，防排烟系统工程，防火门窗、防火卷帘工程，钢结构防火保护工程，防火封堵工程，消防系统调试工程，其他建筑消防设施工程。

【释义】

（1）消防工程是一项涉及国家和人民生命财产安全的工程，国家对其严格实行开工前的审批制度，以及完工后的检验检测。未经验收合格的工程，不得投入使用。

（2）为了加强建设工程消防监督管理，落实建设工程消防设计、施工质量和安全责任，规范消防监督管理行为，依据2008年修订通过的《中华人民共和国消防法》、《建设工程质量管理条例》，公安部修订了《建设工程消防监督管理规定》，于2009年5月1日起施行。该规定适用于新建、扩建、改建（含室内装修、用途变更）等建设工程，对消防设计、施工的质量责任，以及消防设计审核和申请消防验收，消防设计和竣工验收备案抽查作出了明确的规定。

（3）消防系统一般包括灭火系统、火灾自动报警系统、火灾事故广播及通信系统、疏散指示标志及应急照明系统、机械防排烟系统等。灭火系统有喷水灭火系统、水喷雾灭火系统、细水雾灭火系统、气体灭火系统、泡沫灭火系统、干粉灭火系统等。

5.9　净化工程

5.9.1　净化工程可分为净化工作台工程、风淋室工程、洁净室工程、内装工程、净化空调工程、净化设备安装工程、净化工艺管道工程。

【释义】

（1）净化工程洁净度要求高。洁净度等级是指洁净室（区）内悬浮粒子洁净度的水平。洁净度等级给出规定粒径粒子的最大允许浓度，用每立方米空气中的粒子数量表示。现行规范规定了 N1 级至 N9 级的 9 个洁净度等级。N1 级洁净度的水平最高。

（2）净化工程广泛应用在电子、石化、医药、食品、精密仪器、材料、医院、高级宾馆及大楼。

（3）用于洁净室的空气调节和空气净化系统，称为净化空调系统。净化空调系统的施工质量直接影响到交工时洁净度应达到的级别和交工后系统的运行费用。

（4）净化空调系统风管、附件的制作与安装，应符合高压风管系统（空气洁净度 1~5 级洁净室）和中压风管系统（空气洁净度 6~9 级的洁净室）的相关要求。风管制作和清洗应选择具有防雨篷和有围挡，相对较封闭、无尘和清洁的场所。

（5）净化空调系统的调试和试运转应在洁净室（区）建筑装饰装修验收合格和各种管线吹扫及试压等工序完成，空调设备单机试车正常，系统联动完成，风量、压差平衡完毕之后进行。

（6）净化空调系统综合效能测定调整与洁净室的运行状态密切相关，除应包括恒温恒湿空调系统综合效能试验项目外，还有生产负荷状态下室内空气洁净度等级的测定，室内浮游菌和沉降菌的测定，室内自净时间的测定，设备泄漏控制、防止污染扩散等特定项目的测定，单向气流流线平行度的检测等。测定与调整状态应由建设单位、设备供应商、设计单位、施工单位共同协商后确定。

5.9.2　净化工艺管道工程可分为纯水管道系统安装工程，工艺冷却水系统安装工程，高纯氮气系统安装工程，高纯氢气系统安装工程，高纯氧气系统安装工程，高纯压缩空气系统安装工程，特气系统安装工程，其他高纯介质管道安装工程，系统洁净度、露点、纯度测试工程。

5.10　通风与空调工程

5.10.1　通风与空调工程可分为通风与空调设备及部件制作、安装工程，通风与空调风管系统工程，通风与空调水系统工程，通风与空调系统检测、调试工程。

【释义】

（1）通风与空调工程为满足生活和生产对室内空气环境的需求，广泛地运用于各类工业、地下工程、公用及民用建筑工程之中。通风，就是采用自然和机械方法对室内空间进行换气，使其符合卫生和安全的要求，具有良好的空气品质。空气调节，就是采用专用设备对空气进行处理，为室内或密闭空间制造人工环境，使其空气的温度、湿度、流速、洁净度达到生活或生产所需的要求。

（2）通风与空调工程是建筑工程的一个分部工程，包括送、排风系统，防、排烟系统，除尘系统，空调系统，净化空调系统，制冷系统和空调水系统等七个独立的子分部工程。工程的主要施工内容包括风管及其配件的制作与安装，部件制作与安装，消声设备的制作与安装，除尘器与排污设备安装，通风与空调设备、冷却塔、水泵安装，高效过滤器安装，净化设备安装，空调制冷机组安装，空调水系统管道、阀门及部件安装，风、水系统管道与设备防腐绝热、通风与空调工程的系统调试等。

（3）通风与空调系统分类。

①按通风的范围可分为全面通风和局部通风，按通风动力分为自然通风和使用机械动力进行有组织的机械通风。例如：热车间排除余热的全面通风，通常在建筑物设有天窗与风帽，依靠风压和热压使空气流动，是不消耗机械动力、经济的通风方式。

②按空气处理设备、通风管道以及空气分配装置的组成，在工程中常见的有：集中进行空气处理、输送和分配的单风管，双风管，变风量等集中式空调系统；集中进行空气处理和房间末端再处理设备组成的半集中系统；各房间各自的整体式空调机组承担空气处理的分散系统。

③通风空调系统类型的选用，一般要考虑建筑物的用途、规模、使用特点、热湿负荷变化情况、参数及温湿度调节和控制的要求，以及工程所在地区气象条件、能源状况以及空调机房的面积和位置、初投资和运行维修费用等因素。近年来，空调的节能成为行业的关注点，变风量空调系统（VAV），变制冷剂流量（VRV）空调系统，新风加冷辐射吊顶空调系统已广泛应用。

（4）风管系统的施工包括风管、风管配件、风管部件、风管法兰的制作与组装，风管系统加工的中间质量检验、运输、进场验收，风管支吊架制作、安装，风管主干管安装、支管安装。

（5）空调水系统包括冷（热）水、冷却水、凝结水系统的管道及附件。空调用蒸汽管道的安装，应按《建筑给水排水及采暖工程施工质量验收规范》GB 50242—2002 的规定执行，与制冷机组配套的蒸汽、燃油、燃气供应系统和蓄冷系统的安装，还应符合设计文件、有关消防规范以及产品技术文件的规定。

（6）通风与空调工程设备安装。包括通风机，空调机组，除尘器，整体式、组装式及单元式制冷设备（包括热泵），制冷附属设备以及冷（热）水、冷却水、凝结水系统的设备等，这些设备均属通用设备，施工中应按现行国家标准《机械设备安装工程施工及验收通用规范》GB 50231—2009 的规定执行。

（7）风管、部件及空调设备防腐绝热施工。普通薄钢板在制作风管时的防腐宜在安装完毕后进行。风管、部件及空调设备绝热工程施工应在风管系统严密性试验合格后进行。空调水系统和制冷系统管道的绝热施工，应在管路系统强度与严密性检验合格和防腐处理结束后进行。

（8）通风与空调系统的检测、调试。通风与空调工程安装完毕，必须进行系统的测定和调整（简称调试）。系统调试包括设备单机试运转及调试，系统无生产负荷的联合试运转及调试。

5.10.2　通风与空调设备及部件制作、安装工程可分为空气加热器（冷却器）安装工程、通风机安装工程、除尘设备安装工程、空调器安装工程、风机盘管安装工程、过滤器安装工程。

5.10.3　通风与空调风管系统工程可分为碳钢通风管道制作、安装工程，净化通风管道制作、安装工程，不锈钢板通风管道制作、安装工程，铝板通风管道制作、安装工程，塑料通风管道制作、安装工程，玻璃钢通风管道制作、安装工程，复合型通风管道制作、安装工程，柔性软通风管道制作、安装工程。

5.10.4　通风与空调水系统工程可分为管道系统安装工程、冷却塔安装工程、水泵及附属设备安装工程、管道与设备防腐蚀工程、绝热工程、系统调试工程等。

5.10.5　通风与空调系统检测、调试工程可分为通风与空调工程检测工程、通风与空调工程调试工程。

5.11　设备及管道防腐蚀与绝热工程

5.11.1　设备及管道防腐蚀与绝热工程可分为设备及管道防腐蚀工程，设备及管道绝热工程。

【释义】

（1）防腐蚀工程是设备及管道设施长期安全可靠运行的重要保障，防腐蚀工程施工技术已广泛运用于石油、化工、电力、冶金、机械、电子、轻纺、建筑等工业和民用领域。设备及管道防腐蚀工程的用料、表面处理以及结构层施工质量，直接影响到设备及管道的使用寿命及投资效益。防腐蚀工程施工应严格按照国家、行业相关技术标准和规范进行技术管理和质量控制，达到防腐蚀工程一次合格。

（2）绝热是为减少不同温度物体间热量的传递。绝热施工是设备及管道系统施工的重要组成部分，它的结构、选材以及制作和安装的质量，直接影响系统的技术经济性能。绝热工程应以《工业设备及管道绝热工程设计规范》GB 50264—97 和《设备及管道绝热技术通则》GB/T 4272—2008 等标准、规范为依据，选择合适的绝热材料、绝热工程施工工艺、合理的绝热成品的检查验收标准，保证设备和整个系统的经济、安全运行。

5.11.2　设备及管道防腐蚀工程可分为金属镀层安装工程、衬里安装工程、防腐蚀涂层安装工程。

【释义】

（1）设备及管道防腐蚀分类。按金属腐蚀过程的机理，可以划分为化学腐蚀和电化学腐蚀；按腐蚀发生的过程和环境，可以划分为以下几类：大气腐蚀、水腐蚀、土壤腐蚀、高温腐蚀、化学介质腐蚀；按腐蚀程度分为强腐蚀、中等腐蚀、弱腐蚀三类。

（2）设备及管道防腐蚀结构。复层结构主要包括三部分：底漆＋中间漆＋面漆；单层结构，如玻璃鳞片涂料、无机锌涂料或粉末涂层等。埋地设备及管道防腐蚀结构分为普通级、加强级、特加强级三个等级。

（3）设备及管道防腐蚀施工的主要内容包括钢材表面处理、防腐蚀结构层的施工、涂层测厚检验等三个环节。针对不同的基层表面，不同的防腐蚀结构，在表面处理、防腐蚀结构施工及测厚检验等方面具有不同的技术要求。

（4）机电工程常用的设备及管道防腐蚀施工方法很多，主要有涂料施工方法、金属涂层施工方法、电化学保护法、衬里保护法。

5.11.3 设备及管道绝热工程可分为捆扎绝热工程、粘贴绝热工程、浇注绝热工程、喷涂绝热工程、填充绝热工程、拼砌绝热工程。

【释义】

（1）合理的绝热结构不但要满足系统运行的参数要求，还要符合安全、健康、环境（HSE）要求，其结构、选材直接影响系统的技术经济性能。绝热结构包括保冷结构和保温结构的组成。

（2）保冷结构的组成。保冷设备和保冷管道的外层结构由内至外，按功能和层次由防锈层、保冷层、防潮层、保护层、防腐蚀及识别层组成。其中保冷层、防潮层、保护层称之为保冷结构。

（3）保温结构的组成。保温结构通常由保温层和保护层构成。只有在潮湿环境或埋地状况下才需增设防潮层。

（4）通常，当设备及管道外表面温度低于环境温度时，需要设置保冷绝热层，其绝热层厚度不得低于根据工艺、防结露和经济性要求所确定的计算厚度。当设备及管道外表面温度高于50℃时，需要设置保温绝热层，其绝热层厚度按相关规定计算确定。对于生产工艺有特殊要求的设备及管道，如放空和排液管道，处理或通过易燃、易爆、有毒等危险物料，要求及时发现泄漏的阀门、法兰处，则视情况不设绝热层或设置可拆卸绝热层。

5.12 工业炉工程

5.12.1 工业炉工程可分为冶金炉工程、有色金属炉工程、化工炉工程、建材工业炉工程、其他专业炉工程、一般工业炉工程。

【释义】

（1）工业炉砌筑是根据设计要求，把特定的材料构筑成满足工艺需求的结构体的过程，这一过程的全部工序构成了整个工业炉砌筑工程。炉窑砌筑工程包括专业炉窑和一般炉窑砌筑。

（2）工业炉的种类多、用途广，在砌筑过程中，不仅考虑砌体结构本身的稳定，还应充分了解炉子的用途、基本性能及金属结构在内的炉子整体结构等，从材料的选用、工程全过程质量的控制，工业炉砌筑工程都有特殊要求。

（3）一般工业炉的组成。

①供热系统。包括向工业炉内物料提供各种热源的设备系统。如能源介质管道和设备系统、电力输送系统变压设备等。

②工业炉本体。这是工业炉的基本结构。一般包括框架支撑结构、基本炉膛结构、物料输送系统等。

③排烟系统。主要包括烟道、烟囱、换热器和排烟辅助设备等。

④其他配套设备。

（4）工业炉炉衬的主要结构形式。

①耐火砖砌体。耐火砖砌体是由耐火砖和耐火泥构成。是工业炉炉体结构中最传统、使用最广泛的一种砌体结构形式。一般由耐火砖构筑的砌体，在工业炉炉体结构中主要用于墙体、炉顶、管道和炉底。

②不定形耐火材料砌体。是指构成炉衬砌体的主要材料是不定形耐火材料，主要包括耐火浇注料、耐火可塑料、耐火喷涂料等。

③耐火陶瓷纤维砌体。

耐火陶瓷纤维作为一种半成品原料，呈松散状，经过必要加工后有纤维毯、纤维绳、纤维纸、纤维板、纤维扎块（折叠式模块或层叠式模块），添加结合剂后可以成为纤维喷涂料或纤维浇注料。

④混合衬体。工业炉炉衬采用耐火砖砌体、不定型耐火材料砌体和耐火陶瓷纤维砌体的不同组合形式形成了混合衬体。

（5）工业炉砌筑材料包括：

①耐火材料。主要有按耐火度分为普通耐火材料、高级耐火材料和特殊耐火材料三类。

②隔热性耐火材料。在工业炉结构中，一般在直接接触高温的耐火材料背面（也有直接接触高温环境的情况），设有一层具有较好隔热性的耐火材料，以此减少炉体热损失、提高热效率，同时可以降低炉体外侧温度、改善炉周围环境。

③锚固性材料。主要有金属材料和耐火材料两种，在较低的温度环境（接触温度低于1100℃）中可使用金属材料，高于这一温度，通常使用耐火材料，代表性的耐火锚固材料是锚固砖。

④其他辅助材料。主要包括膨胀缝填充材料、高温辐射涂料、保护性材料。膨胀缝填充材料主要有马粪纸、PVC板、发泡苯乙烯和陶瓷纤维等。

5.12.2 工业炉安装工程可分为工业炉本体制作、安装工程，供热系统安装工程，排烟系统安装工程，工业炉炉衬安装工程，辅助项目安装工程。

5.12.3 工业炉本体制作、安装工程可分为框架支撑结构制作、安装工程，基本炉膛结构制作、安装工程，物料输送系统安装工程。

5.12.4 供热系统安装工程可分为能源介质管道和设备系统安装工程、电力输送系统变压设备安装工程。

5.12.5 排烟系统安装工程可分为烟道、烟囱安装工程，换热器安装工程，排烟辅助设备安装工程。

5.12.6 工业炉炉衬安装工程可分为耐火砖砌体安装工程、不定形耐火材料砌体安装工程、耐火陶瓷纤维砌体安装工程、混合衬体安装工程。

5.13　电子与通信及广电工程

5.13.1 电子与通信及广电工程可分为电子系统工程、电子设备工程、通信设备工程、计算机信息网络工程、通信机房与通信枢纽工程、通信线路工程、广播电影电视工程。

【释义】

（1）电子与通信及广电工程包括电子工程、通信工程、广电工程。

（2）电子工程包括电子系统工程、电子设备工程、电子特种环境工程。

①电子设备有电子整机产品、基础产品、显示器件、微电子产品等。均分别包括在微电子设备安装工程、光电子设备安装工程、电子材料设备安装工程、其他电子设备安装工程中。

②电子系统工程涉及各类行业，均按此划分。

③电子特种环境工程已包括在净化工程中。

（3）通信工程分有线通信、无线通信。

①有线通信有通信线路、传输设备、电话交换、数据及多媒体、综合布线、通信管道。

②无线通信有微波通信、卫星地球站、移动通信、传输设备、电话交换。

通信工程分为通信设备工程、计算机信息网络工程、通信机房与通信枢纽工程、邮政、通信铁塔。

③通信工程的有线通信、无线通信均分别包括在通信工程的通信设备工程、计算机信息网络工程、通信机房与通信枢纽工程、通信线路工程中。

（4）广播电影电视包括广播电视中心、广播电视发射、广播电视传播、电影。

①广播电视中心有广播中心台、电视中心台、广播电视中心台。

②广播电视发射有中短波发射台、电视、调频发射塔。

③广播电视传播有有线广播电视网络、微波站、卫星地球站（下行）、传播网络及网管中心。

④电影有电影制片厂、特种电影、立体声影院。

⑤广播电影电视工程的广播电视中心、广播电视发射、广播电视传播、电影均分别包括在广播电影电视工程中的广播电影电视系统安装工程、广播电影电视设备安装工程、广播电影电视机房安装工程、广播电影电视传输线路安装工程中。

5.13.2 电子系统工程可分为雷达导航与测控系统安装工程、计算机及应用和信息网络安装工程、通信和综合信息网络安装工程、监控系统电子自动化安装工程、电子声像系统安装工程、电磁兼容系统安装工程、轨道交通控制系统安装工程、电子机房安装工程。

5.13.3 电子设备工程可分为微电子设备安装工程、光电子设备安装工程、真空电子设备安装工程、电子材料设备安装工程、其他电子设备安装工程。

1 微电子设备安装工程可分为半导体及混合集成电路设备安装工程、无源及有源器件设备安装工程。

2 光电子设备安装工程可分为显示器件设备安装工程、光伏设备安装工程、照明器件设备安装工程、光纤光缆设备安装工程。

3 电子材料设备安装工程可分为电子浆料设备安装工程、组装材料设备安装工程、电磁材料设备安装工程。

4 其他电子设备安装工程可分为印刷电路板设备安装工程、电子电镀设备安装工程。

5.13.4 通信设备工程可分为通信电源设备安装工程，程控电话交换机设备安装工程，光纤传输系统设备安装工程，非话通信系统设备安装工程，微波通信系统设备安装工程，卫星通信地球站设备安装工程，小口径卫星通信地球站设备安装工程，移动通信设备安装工程，时钟同步系统设备安装工程，接入网系统设备安装工程，网管、维护、收费中心安装工程，系统设备安装工程。

5.13.5 计算机信息网络工程可分为网络设备安装工程、软件安装工程、电源设备安装工程、配套设备安装工程、机房布线系统安装工程。

5.13.6 通信机房与通信枢纽工程可分为通信机房安装工程、通信枢纽安装工程。

5.13.7 通信线路工程可分为开挖与填埋工程、通信管道工程、杆路工程、线缆敷设工程、通信线路设备安装工程、线缆保护工程、综合布线系统安装工程。

5.13.8 广播电影电视工程可分为广播电影电视系统工程、广播电影电视设备工程、广播电影电视机房工程、广播电影电视传输线路工程。

1 广播电影电视系统工程可分为广播节目制作播出系统安装工程、电视节目制作播出系统安装工程、广播电视节目传输系统安装工程、发射机及天馈线系统安装工程、广播电视节目监管系统安装工程、广播电影电视应用及挂历平台系统安装工程、音视频系统安装工程、声学系统安装工程、电影后期制作系统安装工程、电影发行系统安装工程、电影放映系统安装工程、专业灯光系统安装工程。

2 广播电影电视设备工程可分为广播节目制作设备安装工程、广播节目播出设备安装工程、电视节目制作设备安装工程、电视节目播出设备安装工程、广播节目传播设备安装工程、电视节目传输设备安装工程、发射机及天馈线设备安装工程、广播电视节目监管设备安装工程、广播电影电视应用及管理平台设备安装工程、音视频设备安装工程、扩声设备安装工程、同声翻译设备安装工程、电影后期制作设备安装工程、电影发行设备安装工程、电影放映设备安装工程、专业灯光设备安装工程。

3 广播电影电视机房工程可分为有线电视前端机房安装工程、地球站安装工程、发射台（站）机房安装工程、检测台（站）机房安装工程、播出控制设备机房安装工程、制作设备机房安装工程、信号传输设备机房安装工程、存储设备机房安装工程。

4 广播电影电视传输线路工程可分为有线电视网络线路工程、微波线路工程。

第三篇

附　　录

第二篇

暴 棚

附录1、附录2和附录3是编制《建设工程分类标准》过程中积累的部分成果。

附录1是按照建设工程的自然属性将全部工程分为土木工程和机电工程，一般意义上讲，任何一个建设工程无非由土木工程和机电工程两部分组成。建筑工程本质上属于土木工程范畴，之所以在最终成稿时将建设工程分为建筑工程、土木工程和机电工程三大类，是考虑到建筑工程量大面广，占投资比重较大，从资质标准、市场准入、行业管理和便于监管等多个角度考虑，将建筑工程从土木工程中分离出来是有利的，从而最终形成了《标准》的附录A～C。

附录2是按照国民经济行业分类，将31个行业建设工程分解到分部工程或分项工程，这是《标准》编制的基石。这种分类特点强调建设工程的部门和行业管理，突出了建设工程的社会属性。而《标准》依据建设工程的自然属性，将31个行业的全部分部工程进行重新排列组合，避免了行业交叉和重复，最终形成了《标准》的附录A。

《建设工程分类标准》编制方案研究时，编制组认为建设工程进行分类的同时，也应考虑建设工程服务的分类，这样可以保证该标准的系统性和完整性。但随着编制工程的深入和长达7年旷日持久编制时间的延伸，编制组感到该标准内容浩繁、结构庞杂、矛盾林立、性质差异巨大，加入工程服务内容似有画蛇添足之嫌，最后编制组忍痛割爱建议工程服务另立标准为宜。该成果最终转化为《建设工程咨询分类标准》GB/T 50852—2013。

附录1 按工程属性分类的建设工程分类表

附表1 按工程属性分类的建设工程分类表

类 别 名 称	说 明
土木工程	
道路工程	
公路工程	
路基工程	含：高速公路、一级公路、二级公路、三级公路、四级公路及其他公路
路基土石方工程	
路基排水工程	
特殊路基工程	
路基防护工程	
路面工程	
路面基层及垫层工程	
路面面层工程	含：沥青混凝土、水泥混凝土及其他路面工程
路面附属工程	
其他工程	
安全设施工程	
环境保护工程	
公司道路工程	含：快速路、主干道、次干道、支路、小区道路、步行街、平交路口、立交路口、连接匝道及其他城市道路
路基工程	
路基土石方工程	
路基附属工程	
路面工程	
路面工程	
路面附属工程	
其他工程	
供电、照明工程	
交通安全设施工程	
机场场道工程	含：刚性道面工程和非刚性道面工程
场道土石方工程	
道面基础工程	
道面工程	

续附表1

类 别 名 称	说 明
排水工程	
机场跑道附属工程	
跑道道肩工程	
跑道安全带工程	
净空道工程	
滑行道工程	
厂矿、林区专用道路工程	
厂矿专用道路工程	
路基工程	
路面工程	
其他相关工程	
林区专用道路工程	
路基工程	
路面工程	
其他相关工程	
其他专用道路工程	
路基工程	
路面工程	
其他相关工程	
轨道工程	
铁路线路工程	含：轮轨交通工程和磁悬浮交通工程
轮轨交通线路工程	
路基工程	
区间路基土石方工程	
站场土石方工程	
路基附属工程	
轨道工程	
正线轨道工程	
站线轨道工程	
线路有关工程	
其他相关工程	
给排水工程	
机务工程	
车辆工程	
动车工程	
站场工程	
工务工程	
环境保护工程	
磁悬浮交通线路工程	
路基工程	
区间路基土石方工程	
站场土石方工程	

类 别 名 称	说　明
路基附属工程	
轨道工程	
导轨下部结构工程	
导轨上部结构工程	
道岔工程	
其他相关工程	
给排水工程	
动车工程	
站场工程	
工务工程	
环境保护工程	
城市轨道交通线路工程	
地下铁道线路工程	
车站工程	
轨道工程	
其他相关工程	
轻轨交通线路工程	
路基工程	
轨道工程	
其他相关工程	
磁悬浮交通线路工程	
路基工程	
轨道工程	
其他相关工程	
厂矿、林区专用线工程	
厂矿专用线工程	
路基工程	
轨道工程	
其他相关工程	
林区专用线工程	
路基工程	
轨道工程	
其他相关工程	
其他专用线工程	
路基工程	
轨道工程	
其他相关工程	
桥涵工程	
桥梁工程	
基础工程	

续附表1

类 别 名 称	说 明
墩台工程	
梁部结构工程	
桥面工程	
其他相关工程	
涵洞工程	
基础工程	
洞身工程	
端墙工程	
翼墙工程	
其他相关工程	
隧道工程	
洞门工程	
洞身工程	
辅助坑道工程	
通风及消防设施工程	
人防及管路隧道工程	
水利工程	
拦河坝工程	含：土质心（斜）墙土石坝、均质土坝、混凝土面板堆石坝、沥青混凝土防渗体斜（心）墙土石坝、复合土工膜斜（心）墙土石坝、浆砌石拱坝等工程
地基开挖与处理工程	
地基防渗工程	
防渗心（斜）墙工程	
坝体填筑工程	
排水工程	
上游坝面护坡工程	
下游坝面护坡工程	
坝顶工程	
护岸及其他工程	
泄洪工程	
溢洪道工程	含：陡槽溢洪道、侧堰溢洪道、竖井溢洪道
地基防渗及排水工程	
进口引水段工程	
闸室段或溢流堰工程	
泄水段工程	
消能防冲段工程	
尾水段工程	

续附表 1

类 别 名 称	说　明
护坡及其他工程	
泄洪洞	含：放空洞
进水口或竖井工程	
泄水段工程	含：有压泄水段、无压泄水段工程
工作闸门段工程	
出口消能段工程	
尾水段工程	
坝体引水工程	含：发电、灌溉、工业及生活取水口工程
进水闸室段工程	
引水段工程	
厂坝联结段工程	
压力管道工程	
进水闸室段工程	
调压井工程	
压力管道段工程	
回填与固结灌浆工程	
引水渠道工程	
进口闸室段工程	
明渠、暗渠工程	
前池工程	
溢流堰及冲沙工程	
航运工程	
船闸工程	
上引航道工程	
上闸首段工程	
中闸首段工程	
下闸首段工程	
闸室段工程	
下引航道工程	
升船机工程	
上引航道工程	
升船机室工程	
斜坡道工程	
下引航道工程	
过木工程	
漂木道工程、筏道工程	
进口段工程	
槽身段工程	

类 别 名 称	说 明
出口段工程	
过木机工程	
进口段工程	
过木机安装工程	
出口段工程	
水闸工程	含：拦河闸、岸边引（排）水闸及沿海挡潮闸工程
上游联结段工程	
闸室段工程	
消能防冲段工程	
下游联结段工程	
地基防渗及排水工程	
过鱼工程	
鱼闸工程	
上鱼室工程	
井或闸室工程	
下鱼室工程	
鱼道工程	
进口段工程	
槽身段工程	
出口段工程	
其他水利工程	
渠道闸门工程	含：进水闸、分水闸、节制闸、泄水闸、冲砂闸等工程
干渠或支渠工程	含：明渠、陡坡跌水、暗渠
渡槽、倒虹吸管道、涵洞等工程	
堤防工程	
港口与航道工程	
港口工程	
码头主体构筑物工程	含：重力式、高桩、板桩、斜坡、浮动码头
码头工程	
码头后方陆域形成工程	
防护构筑物工程	
防波堤工程	
护坡工程	
海墙工程	
码头其他工程	
交通运输工程	
供电照明工程	

类 别 名 称	说　明
供热工程	
给排水工程	
消防工程	
燃油供应设施工程	
环境保护工程	
航道工程	
航道整治工程	
平顺护岸工程	
航道疏浚工程	
助航设施工程	
航标工程	
灯塔工程	
灯桩工程	
导标工程	
灯船工程	
灯浮标工程	
矿山工程	
矿井工程	
井筒工程	
井底车场巷道及硐室工程	
主要运输道及回风道工程	
采区工程	
提升系统工程	
排水系统工程	
通风系统工程	
压风系统工程	
地面生产系统工程（主井、副井、风井）	
充填灌浆及井下洒水工程	
供电系统工程	
地面运输工程（铁路、公路、索道）	
室外给排水及供热工程	
露天矿工程	
采剥工程	
矿岩运输工程	
排土工程	
地面运输工程	
地下水控制及防排水工程	
供电系统	
室外给排水及供热工程	
环境保护工程	

续附表1

类 别 名 称	说 明
安全工程	
矿山配套工程	
架线与管道工程	
架线工程	
送变电工程	
电信工程	
城市及道路照明工程	
其他架线工程	
管道工程	
油、气、水、浆等远程输送管道工程	
城市管道工程	
城市公共管沟工程	
其他管道工程	
其他土木工程	应放在建筑工程之后
建筑工程	
民用建筑工程	
居住建筑	
地基基础工程	
无支护土方	
有支护土方	
地基处理	
桩基	
地下防水	
混凝土基础	
砌体基础	
劲性（钢管）混凝土	
钢结构	
其他地基基础工程	
主体结构工程	
混凝土结构	
劲性（钢管）混凝土结构	
砌体结构	
钢结构	
木结构	
其他主体结构工程	
装饰装修工程	
地面	
抹灰	
门窗	
吊顶	

类 别 名 称	说　明
轻质隔墙	
饰面板（砖）	
幕墙	
涂饰	
裱糊与软包	
细部	
其他装饰装修工程	
屋面工程	
卷材防水屋面	
涂膜防水屋面	
刚性防水屋面	
瓦屋面	
隔热屋面	
其他屋面工程	
室外土建工程	
车棚	
围墙	
大门	
挡土墙	
垃圾收集站	
建筑小品	
道路	
亭台	
连廊	
花坛	
场坪	
绿化	
其他室外工程	
其他	
办公建筑	
地基基础工程	
无支护土方	
有支护土方	
地基处理	
桩基	
地下防水	
混凝土基础	
砌体基础	
劲性（钢管）混凝土	
钢结构	

类 别 名 称	说 明
其他地基基础工程	
主体结构工程	
混凝土结构	
劲性（钢管）混凝土结构	
砌体结构	
钢结构	
网架和索膜结构	
其他主体结构工程	
装饰装修工程	
地面	
抹灰	
门窗	
吊顶	
轻质隔墙	
饰面板（砖）	
幕墙	
涂饰	
裱糊与软包	
细部	
其他装饰装修工程	
屋面工程	
卷材防水屋面	
涂膜防水屋面	
刚性防水屋面	
瓦屋面	
隔热屋面	
其他屋面工程	
室外土建工程	
车棚	
围墙	
大门	
挡土墙	
垃圾收集站	
建筑小品	
道路	
亭台	
连廊	
花坛	
场坪	
绿化	

续附表1

类 别 名 称	说　明
其他室外工程	
其他	
旅馆酒店建筑	
地基基础工程	
无支护土方	
有支护土方	
地基处理	
桩基	
地下防水	
混凝土基础	
砌体基础	
劲性（钢管）混凝土	
钢结构	
其他地基基础工程	
主体结构工程	
混凝土结构	
劲性（钢管）混凝土结构	
砌体结构	
钢结构	
网架和索膜结构	
其他主体结构工程	
装饰装修工程	
地面	
抹灰	
门窗	
吊顶	
轻质隔墙	
饰面板（砖）	
幕墙	
涂饰	
裱糊与软包	
细部	
其他装饰装修工程	
屋面工程	
卷材防水屋面	
涂膜防水屋面	
刚性防水屋面	
瓦屋面	
隔热屋面	
其他屋面工程	

类 别 名 称	说 明
室外土建工程	
车棚	
围墙	
大门	
挡土墙	
垃圾收集站	
建筑小品	
道路	
亭台	
连廊	
花坛	
场坪	
绿化	
其他室外工程	
其他	
演出类建筑（剧场、音乐厅、电影院、礼堂、会议中心等）	
地基基础工程	
无支护土方	
有支护土方	
地基处理	
桩基	
地下防水	
混凝土基础	
砌体基础	
劲性（钢管）混凝土	
钢结构	
其他地基基础工程	
主体结构工程	
混凝土结构	
劲性（钢管）混凝土结构	
砌体结构	
钢结构	
网架和索膜结构	
其他主体结构工程	
装饰装修工程	
地面	
抹灰	
门窗	
吊顶	
轻质隔墙	

类 别 名 称	说 明
饰面板（砖）	
幕墙	
涂饰	
裱糊与软包	
细部	
其他装饰装修工程	
屋面工程	
卷材防水屋面	
涂膜防水屋面	
刚性防水屋面	
瓦屋面	
隔热屋面	
其他屋面工程	
室外土建工程	
车棚	
围墙	
大门	
挡土墙	
垃圾收集站	
建筑小品	
道路	
亭台	
连廊	
花坛	
场坪	
绿化	
其他室外工程	
其他	
展览类建筑（博物馆、展览馆、美术馆、纪念馆等）	
地基基础工程	
无支护土方	
有支护土方	
地基处理	
桩基	
地下防水	
混凝土基础	
砌体基础	
劲性（钢管）混凝土	
钢结构	
其他地基基础工程	

类 别 名 称	说 明
主体结构工程	
混凝土结构	
劲性（钢管）混凝土结构	
砌体结构	
钢结构	
网架和索膜结构	
其他主体结构工程	
装饰装修工程	
地面	
抹灰	
门窗	
吊顶	
轻质隔墙	
饰面板（砖）	
幕墙	
涂饰	
裱糊与软包	
细部	
其他装饰装修工程	
屋面工程	
卷材防水屋面	
涂膜防水屋面	
刚性防水屋面	
瓦屋面	
隔热屋面	
其他屋面工程	
室外土建工程	
车棚	
围墙	
大门	
挡土墙	
垃圾收集站	
建筑小品	
道路	
亭台	
连廊	
花坛	
场坪	
绿化	
其他室外工程	

类　别　名　称	说　　明
其他	
商业建筑（含百货商场、综合商厦、购物中心、会展中心、超市、菜市场、专业商店等）	
地基基础工程	
无支护土方	
有支护土方	
地基处理	
桩基	
地下防水	
混凝土基础	
砌体基础	
劲性（钢管）混凝土	
钢结构	
其他地基基础工程	
主体结构工程	
混凝土结构	
劲性（钢管）混凝土结构	
砌体结构	
钢结构	
网架和索膜结构	
其他主体结构工程	
装饰装修工程	
地面	
抹灰	
门窗	
吊顶	
轻质隔墙	
饰面板（砖）	
幕墙	
涂饰	
裱糊与软包	
细部	
其他装饰装修工程	
屋面工程	
卷材防水屋面	
涂膜防水屋面	
刚性防水屋面	
瓦屋面	
隔热屋面	
其他屋面工程	

类 别 名 称	说　明
室外土建工程	
车棚	
围墙	
大门	
挡土墙	
垃圾收集站	
建筑小品	
道路	
亭台	
连廊	
花坛	
场坪	
绿化	
其他室外工程	
其他	
交通建筑（含机场航站楼、汽车和火车车站的候车室、码头候船室等）	
地基基础工程	
无支护土方	
有支护土方	
地基处理	
桩基	
地下防水	
混凝土基础	
砌体基础	
劲性（钢管）混凝土	
钢结构	
其他地基基础工程	
主体结构工程	
混凝土结构	
劲性（钢管）混凝土结构	
砌体结构	
钢结构	
网架和索膜结构	
其他主体结构工程	
装饰装修工程	
地面	
抹灰	
门窗	
吊顶	

续附表1

类 别 名 称	说 明
轻质隔墙	
饰面板（砖）	
幕墙	
涂饰	
裱糊与软包	
细部	
其他装饰装修工程	
屋面工程	
卷材防水屋面	
涂膜防水屋面	
刚性防水屋面	
瓦屋面	
隔热屋面	
其他屋面工程	
室外土建工程	
车棚	
围墙	
大门	
挡土墙	
垃圾收集站	
建筑小品	
道路	
亭台	
连廊	
花坛	
场坪	
绿化	
其他室外工程	
其他	
体育建筑（含体育馆、体育场、游泳馆等）	
地基基础工程	
无支护土方	
有支护土方	
地基处理	
桩基	
地下防水	
混凝土基础	
砌体基础	
劲性（钢管）混凝土	
钢结构	

续附表1

类 别 名 称	说 明
其他地基基础工程	
主体结构工程	
混凝土结构	
劲性（钢管）混凝土结构	
砌体结构	
钢结构	
网架和索膜结构	
其他主体结构工程	
装饰装修工程	
地面	
抹灰	
门窗	
吊顶	
轻质隔墙	
饰面板（砖）	
幕墙	
涂饰	
细部	
其他装饰装修工程	
屋面工程	
卷材防水屋面	
涂膜防水屋面	
刚性防水屋面	
瓦屋面	
隔热屋面	
其他屋面工程	
室外土建工程	
车棚	
围墙	
大门	
挡土墙	
垃圾收集站	
建筑小品	
道路	
亭台	
连廊	
花坛	
场坪	
绿化	
其他室外工程	

类 别 名 称	说 明
其他	
医院（含疗养院、妇幼保健院）建筑	
地基基础工程	
无支护土方	
有支护土方	
地基处理	
桩基	
地下防水	
混凝土基础	
砌体基础	
劲性（钢管）混凝土	
钢结构	
其他地基基础工程	
主体结构工程	
混凝土结构	
劲性（钢管）混凝土结构	
砌体结构	
钢结构	
木结构	
网架和索膜结构	
其他主体结构工程	
装饰装修工程	
地面	
抹灰	
门窗	
吊顶	
轻质隔墙	
饰面板（砖）	
幕墙	
涂饰	
细部	
其他装饰装修工程	
屋面工程	
卷材防水屋面	
涂膜防水屋面	
刚性防水屋面	
瓦屋面	
隔热屋面	
其他屋面工程	
室外土建工程	

类 别 名 称	说 明
车棚	
围墙	
大门	
挡土墙	
垃圾收集站	
建筑小品	
道路	
亭台	
连廊	
花坛	
场坪	
绿化	
其他室外工程	
其他	
其他民用建筑（如宗教寺院、殡仪馆、公共厕所等）	
工业建筑工程	
工业厂房	
地基基础工程	
无支护土方	
有支护土方	
地基处理	
桩基	
地下防水	
混凝土基础	
砌体基础	
劲性（钢管）混凝土	
钢结构	
其他地基基础工程	
主体结构工程	
混凝土结构	
劲性（钢管）混凝土结构	
砌体结构	
钢结构	
网架和索膜结构	
其他主体结构工程	
装饰装修工程	
地面	
抹灰	
门窗	
吊顶	

类 别 名 称	说 明
轻质隔墙	
饰面板（砖）	
幕墙	
涂饰	
细部	
其他装饰装修工程	
屋面工程	
卷材防水屋面	
涂膜防水屋面	
刚性防水屋面	
瓦屋面	
隔热屋面	
其他屋面工程	
室外土建工程	
车棚	
围墙	
大门	
挡土墙	
垃圾收集站	
建筑小品	
道路	
亭台	
连廊	
花坛	
场坪	
绿化	
其他室外工程	
其他	
配套建筑	
地基基础工程	
无支护土方	
有支护土方	
地基处理	
桩基	
地下防水	
混凝土基础	
砌体基础	
劲性（钢管）混凝土	
钢结构	
其他地基基础工程	

续附表 1

类 别 名 称	说 明
主体结构工程	
混凝土结构	
劲性（钢管）混凝土结构	
砌体结构	
钢结构	
网架和索膜结构	
其他主体结构工程	
装饰装修工程	
地面	
抹灰	
门窗	
吊顶	
轻质隔墙	
饰面板（砖）	
幕墙	
涂饰	
裱糊与软包	
细部	
其他装饰装修工程	
屋面工程	
卷材防水屋面	
涂膜防水屋面	
刚性防水屋面	
瓦屋面	
隔热屋面	
其他屋面工程	
室外土建工程	
车棚	
围墙	
大门	
挡土墙	
垃圾收集站	
建筑小品	
道路	
亭台	
连廊	
花坛	
场坪	
绿化	
其他室外工程	

续附表 1

类 别 名 称	说　明
其他	
附属建筑	
地基基础工程	
无支护土方	
有支护土方	
地基处理	
桩基	
地下防水	
混凝土基础	
砌体基础	
劲性（钢管）混凝土	
钢结构	
其他地基基础工程	
主体结构工程	
混凝土结构	
劲性（钢管）混凝土结构	
砌体结构	
钢结构	
网架和索膜结构	
其他主体结构工程	
装饰装修工程	
地面	
抹灰	
门窗	
吊顶	
轻质隔墙	
饰面板（砖）	
幕墙	
涂饰	
裱糊与软包	
细部	
其他装饰装修工程	
屋面工程	
卷材防水屋面	
涂膜防水屋面	
刚性防水屋面	
瓦屋面	
隔热屋面	
其他屋面工程	
室外土建工程	

类 别 名 称	说 明
车棚	
围墙	
大门	
挡土墙	
垃圾收集站	
建筑小品	
道路	
亭台	
连廊	
花坛	
场坪	
绿化	
其他室外工程	
其他	
构筑物	
地基基础工程	
无支护土方	
有支护土方	
地基处理	
桩基	
混凝土基础	
砌体基础	
劲性（钢管）混凝土	
钢结构	
其他地基基础工程	
主体结构工程	
混凝土结构	
劲性（钢管）混凝土结构	
砌体结构	
钢结构	
网架和索膜结构	
其他主体结构工程	
装饰装修工程	
地面	
抹灰	
涂饰	
其他装饰装修工程	
其他	
车棚	
围墙	

类　别　名　称	说　明
大门	
挡土墙	
垃圾收集站	
道路	
场坪	
绿化	
其他工程	
其他工业建筑（如试验楼等）	
构筑物工程	
电视塔（信号发射塔）	
地基基础工程	
无支护土方	
有支护土方	
地基处理	
桩基	
混凝土基础	
砌体基础	
劲性（钢管）混凝土	
钢结构	
其他地基基础工程	
主体结构工程	
混凝土结构	
劲性（钢管）混凝土结构	
砌体结构	
钢结构	
其他主体结构工程	
装饰装修工程	
地面	
抹灰	
门窗	
吊顶	
饰面板（砖）	
幕墙	
涂饰	
细部	
其他装饰装修工程	
其他	
车棚	
围墙	
大门	

类 别 名 称	说 明
挡土墙	
垃圾收集站	
道路	
花坛	
场坪	
绿化	
其他工程	
纪念塔（碑）	
地基基础工程	
无支护土方	
有支护土方	
地基处理	
桩基	
混凝土基础	
砌体基础	
其他地基基础工程	
主体结构工程	
混凝土结构	
砌体结构	
其他主体结构工程	
装饰装修工程	
地面	
抹灰	
饰面板（砖）	
其他装饰装修工程	
其他	
道路	
花坛	
场坪	
绿化	
其他	
广告牌（塔）	
地基基础工程	
无支护土方	
有支护土方	
地基处理	
桩基	
混凝土基础	
砌体基础	
劲性（钢管）混凝土	

续附表1

类 别 名 称	说　明
钢结构	
其他地基基础工程	
主体结构工程	
混凝土结构	
劲性（钢管）混凝土结构	
砌体结构	
钢结构	
木结构	
其他主体结构工程	
其他	
其他构筑物工程	
其他建筑工程（包括人防工程等）	
机电工程	
机械设备安装工程	
通用机械设备安装工程	
切削设备安装工程	
切削机床安装工程	
超声波加工机床安装工程	
电加工、数控机床安装工程	
金属材料试验机械安装工程	
木工机械安装工程	
跑车带锯机安装工程	
其他机床安装工程	
锻压设备安装工程	
机械压力机安装工程	
液压机安装工程	
自动锻压机安装工程	
锻锤安装工程	
剪切机安装工程	
弯曲校正机安装工程	
锻造水压机安装工程	
铸造设备安装工程	
砂处理设备安装工程	
造型设备安装工程	
造芯设备安装工程	
落砂设备安装工程	
清理设备安装工程	
金属型铸造设备安装工程	
材料准备设备安装工程	
抛丸清理设备安装工程	

类 别 名 称	说 明
铸铁平台安装工程	
输送设备安装工程	
斗式提升机安装工程	
刮板输送机安装工程	
板（裙）式输送机安装工程	
悬挂输送机安装工程	
固定式胶带输送机安装工程	
气力输送设备安装工程	
卸矿车安装工程	
皮带秤安装工程	
风机设备安装工程	
离心式通风机安装工程	
离心式引风机安装工程	
轴流通风机安装工程	
回转式鼓风机安装工程	
离心式鼓风机安装工程	
泵设备安装工程	
离心式泵安装工程	
旋涡泵安装工程	
电动往复泵安装工程	
柱塞泵安装工程	
蒸汽往复泵安装工程	
计量泵安装工程	
螺杆泵安装工程	
齿轮油泵安装工程	
真空泵安装工程	
屏蔽泵安装工程	
简易移动潜水泵安装工程	
压缩机设备安装工程	
活塞式压缩机安装工程	
回转式螺杆压缩机安装工程	
离心式压缩机（电动机驱动）安装工程	
其他机械设备安装工程	
溴化锂吸收式制冷机安装工程	
制冰设备安装工程	
冷风机安装工程	
润滑油处理设备安装	
膨胀机安装工程	
柴油机安装工程	
柴油发电机组安装工程	

类 别 名 称	说 明
电动机安装工程	
电动发电机组安装工程	
冷凝器安装工程	
蒸发器安装工程	
贮液器（排液桶）安装工程	
分离器安装工程	
过滤器安装工程	
中间冷却器安装工程	
玻璃钢冷却塔安装工程	
集油器安装工程	
紧急泄氨器安装工程	
油视镜安装工程	
储气罐安装工程	
乙炔发生器安装工程	
水压机蓄势罐安装工程	
空气分离塔安装工程	
小型制氧机附属设备安装工程	
起重设备安装工程	
桥式起重机安装工程	
门式起重机安装工程	
塔式起重机安装工程	
流动式起重机安装工程	
铁路起重机安装工程	
港口、电站门座起重机安装工程	
机械式停车设备安装工程	
升降机安装工程	
缆索起重机安装工程	
桅杆起重机安装工程	
悬臂式起重机安装工程	
客运索道安装工程	
曳引式电梯安装工程	
液压式电梯安装工程	
自动扶梯、自动人行道安装工程	
小型杂货电梯安装工程	
观光梯安装工程	
安全附件及安全保护装置安装工程	
锅炉工程	
成套整装锅炉安装工程	
锅炉钢架安装工程	
散装锅炉本体设备安装工程	

类 别 名 称	说　　　明
锅炉风机安装工程	
送、引风机安装工程	
锅炉除尘装置安装工程	
除尘器安装工程	
锅炉制粉系统安装工程	
磨煤机安装工程	
给煤机安装工程	
叶轮给粉机安装工程	
螺旋输粉机安装工程	
锅炉烟、风、煤管道安装工程	
烟道安装工程	
热风道安装工程	
冷风道安装工程	
制粉管道安装工程	
送粉管道安装工程	
原煤管道安装工程	
锅炉其他辅助设备安装工程	
扩容器安装工程	
排汽消音器安装工程	
暖风器安装工程	
测粉装置安装工程	
煤粉分离器安装工程	
锅炉炉墙砌筑工程	
敷管式、膜式水冷壁炉墙和框架式炉墙砌筑工程	
卸煤设备安装工程	
抓斗安装工程	
斗链式卸煤机安装工程	
煤场机械设备安装工程	
斗轮堆取料机安装工程	
门式滚轮堆取料机安装工程	
碎煤设备安装工程	
反击式碎煤机安装工程	
锤击式碎煤机安装工程	
筛分设备安装工程	
上煤设备安装工程	
皮带机安装工程	
配仓皮带机安装工程	
输煤转运站落煤设备安装工程	
皮带秤安装工程	
机械采样装置及卸料器安装工程	

类 别 名 称	说　明
电动卸料车安装工程	
电磁分离器安装工程	
水力冲渣、冲灰设备安装工程	
捞渣机安装工程	
碎渣机安装工程	
水力喷射器安装工程	
箱式冲灰器安装工程	
砾石过滤器安装工程	
空气斜槽安装工程	
灰渣沟插板门安装工程	
电动灰斗闸板门安装工程	
锁气器安装工程	
化学水处理系统设备安装工程	
反渗透处理系统安装工程	
凝聚澄清过滤系统安装工程	
锅炉补给水除盐系统设备安装工程	
机械过滤系统安装工程	
除盐加混床设备安装工程	
除二氧化碳和离子交换设备安装工程	
凝结水处理系统设备安装工程	
凝结水处理设备安装工程	
循环水处理系统设备安装工程	
循环水处理设备安装工程	
给水、炉水校正处理系统设备安装工程	
给水、炉水校正处理设备安装工程	
专用机械设备安装工程	
汽轮发电机组本体安装工程	
汽轮发电机组安装工程	
汽轮发电机组辅助设备安装工程	
凝汽器系统安装工程	
加热器系统安装工程	
抽气器系统安装工程	
油箱和油系统安装工程	
汽轮发电机附属设备安装工程	
除氧气及水箱安装工程	
电动给水泵安装工程	
循环水泵安装工程	
凝结水泵安装工程	
机械真空泵安装工程	
循环水泵房入口设备安装工程	

续附表1

类 别 名 称	说 明
采矿设备安装工程	
提升系统安装工程	
运输系统安装工程	
选矿设备安装工程	
破碎系统安装工程	
筛分设备系统安装工程	
磨矿系统安装工程	
选别系统安装工程	
水轮发电设备安装工程	
水轮发电机组安装工程	
抽水蓄能机组安装工程	
水泵机组安装工程	
启闭机安装工程	
核电专用设备安装工程	
压水堆设备安装工程	
重水堆设备安装工程	
高温气冷堆设备安装工程	
石墨型设备安装工程	
动力型设备安装工程	
试验反应堆设备安装工程	
轻工纺织专用设备安装工程	
压榨机安装工程	
包装机安装工程	
罐装机安装工程	
卷烟机安装工程	
造纸机安装工程	
纺丝机安装工程	
织布机安装工程	
石油化工专用设备安装工程	
工艺塔安装工程	
热交换器安装工程	
反应器安装工程	
球形容器安装工程	
贮罐组安装工程	
橡胶塑料机械安装工程	
切胶机安装工程	
压延机安装工程	
成型机安装工程	
分离过滤机械安装工程	
离心机安装工程	

类 别 名 称	说　明
压滤机安装工程	
电除尘器安装工程	
冶炼专用设备安装工程	
轧钢设备安装工程	
拉坯机安装工程	
结晶器安装工程	
中间包安装工程	
板材轧机安装工程	
轧管机安装工程	
无缝钢管自动轧管机安装工程	
型材轧机安装工程	
矫直机安装工程	
炼铁设备安装工程	
炼钢设备安装工程	
铸钢设备安装工程	
其他专用设备安装工程	
静置设备与工艺金属结构工程	
静置设备工程	
容器制作工程	
塔器制作工程	
换热器制作工程	
分片、分段容器安装工程	
整体容器安装工程	
分片、分段塔器安装工程	
整体塔器安装工程	
换热器安装工程	
空气冷却器安装工程	
反应器安装工程	
催化裂化再生器安装工程	
催化裂化沉降器安装工程	
催化裂化旋风分离器安装工程	
空分分馏器安装工程	
电解槽安装工程	
箱式玻璃钢电除雾器安装工程	
电除尘器安装工程	
污水处理设备安装工程	
焊缝热处理工程	
整体热处理工程	
工业炉工程	
燃烧炉、灼烧炉安装工程	

续附表1

类 别 名 称	说 明
转换炉制作、安装工程	
化肥装置加热炉制作、安装工程	
芳烃装置加热炉制作、安装工程	
废热锅炉安装工程	
电弧炼钢炉安装工程	
无芯工频感应电炉安装工程	
电阻炉安装工程	
真空炉安装工程	
高频及中频感应炉安装工程	
冲天炉安装工程	
加热炉安装工程	
热处理炉安装工程	
解体结构井式热处理炉安装工程	
煤气发生炉安装工程	
金属储罐工程	
拱顶罐制作、安装工程	
浮顶罐制作、安装工程	
大型金属油罐制作安装工程	
加热器制作、安装工程	
球形罐组对安装工程	
移动式压力容器安装工程	
铁路、汽车罐车安装工程	
长管拖车安装工程	
气柜工程	
湿式气柜制作、安装工程	
干式气柜制作、安装工程	
氧舱工程	
医用氧舱安装工程	
高压氧舱安装工程	
再压舱安装工程	
高海拔实验舱安装工程	
潜水钟安装工程	
工艺金属结构工程	
联合平台制作、安装工程	
平台制作、安装工程	
梯子、栏杆、扶手制作、安装工程	
桁架、管廊、设备框架、单梁结构制作、安装工程	
设备支架制作、安装工程	
漏斗、料仓制作、安装工程	
烟筒、烟道制作、安装工程	

续附表1

类 别 名 称	说　明
火炬及排气筒制作、安装工程	
铝制、铸铁、非金属设备安装工程	
容器安装工程	
塔器类安装工程	
热交换器安装工程	
撬块安装工程	
撬块安装工程	
电气工程	
变压器工程	
油浸电力变压器安装工程	
干式变压器安装工程	
整流变压器安装工程	
自耦式变压器安装工程	
带负荷调压变压器安装工程	
电炉变压器安装工程	
配电装置工程	
断路器安装工程	
油断路器安装工程	
真空断路器安装工程	
SF$_6$断路器安装工程	
空气断路器安装工程	
真空接触器安装工程	
高压开关安装工程	
隔离开关安装工程	
负荷开关安装工程	
互感器安装工程	
高压熔断器安装工程	
避雷器安装工程	
电抗器安装工程	
干式电抗器安装工程	
油浸电抗器安装工程	
电容器安装工程	
移相及串联电容器安装工程	
集合式并联电容器安装工程	
并联补偿电容器组架安装工程	
交流滤波装置组架安装工程	
高压成套配电柜安装工程	
组合型成套厢式变电站安装工程	
环网柜安装工程	
母线工程	

类 别 名 称	说 明
软母线安装工程	
组合软母线安装工程	
带形母线安装工程	
槽形母线安装工程	
共箱母线安装工程	
低压封闭式插接母线槽安装工程	
重型母线安装工程	
控制设备及低压电器安装工程	
显示屏安装工程	
控制柜、箱（含器件）安装工程	
控制台安装工程	
控制开关安装工程	
蓄电池工程	
蓄电池安装工程	
电机安装工程	
发电机安装工程	
调相机安装工程	
普通小型直流电动机安装工程	
可控硅调速直流电动机安装工程	
普通交流同步电动机安装工程	
低压交流异步电动机安装工程	
高压交流异步电动机安装工程	
交流变频调速电动机安装工程	
微型电机、电加热器安装工程	
电动机组安装工程	
备用励磁机组安装工程	
励磁电阻器安装工程	
防雷及接地装置工程	
接地装置安装工程	
避雷装置安装工程	
半导体少长针消雷装置安装工程	
电气装置调整试验工程	
电力变压器系统调试工程	
送配电装置系统调试工程	
特殊保护装置调试工程	
自动投入装置调试工程	
中央信号装置、事故照明切换装置、不间断电源安装调试工程	
母线调试工程	
避雷器、电容器调试工程	
电抗器、消弧线圈、电除尘器调试工程	

类 别 名 称	说 明
硅整流设备、可控硅整流装置调试工程	
电气线缆工程	
架空配电线路工程	
电杆组立工程	
导线架设工程	
电缆安装工程	
电力电缆安装工程	
控制电缆安装工程	
电缆保护管安装工程	
电缆桥架安装工程	
电缆支架安装工程	
滑触线装置安装工程	
配管、配线工程	
电气配管工程	
线槽安装工程	
电气配线工程	
照明器具工程	
普通吸顶灯及其他灯具安装工程	
工厂灯安装工程	
装饰灯安装工程	
荧光灯安装工程	
医疗专用灯安装工程	
一般线路广场灯安装工程	
高杆灯安装工程	
桥栏杆灯安装工程	
地道涵洞灯安装工程	
自动化控制仪表工程	
过程检测仪表工程	
温度仪表安装工程	
压力仪表安装工程	
流量仪表安装工程	
物位检测仪表安装工程	
显示仪表安装工程	
过程控制仪表工程	
变送单元仪表安装工程	
显示单元仪表安装工程	
调节单元仪表安装工程	
计算单元仪表安装工程	
转换单元仪表安装工程	
给定单元仪表安装工程	

类　别　名　称	说　　明
辅助单元仪表安装工程	
输入输出组件安装工程	
信号处理组件安装工程	
调节组件安装工程	
分配、切换等其他组件安装工程	
盘状仪表安装工程	
基地式调节仪表安装工程	
执行机构安装工程	
调节阀安装工程	
自力式调节阀安装工程	
仪表回路模拟试验安装工程	
集中检测装置仪表工程	
测厚测宽装置安装工程	
旋转机械检测仪表安装工程	
称重装置安装工程	
过程分析仪表安装工程	
物性检测仪表安装工程	
特殊预处理装置安装工程	
分析柜、室安装工程	
气象环保、检测仪表安装工程	
集中监视与控制仪表工程	
安全检测装置安装工程	
工业电视安装工程	
运动装置安装工程	
顺序控制装置安装工程	
信号报警装置安装工程	
信号报警装置柜、箱安装工程	
数据采集及巡回检测报警装置安装工程	
工业计算机安装与调试工程	
工业计算机柜、台设备安装工程	
工业计算机外部设备安装工程	
辅助存储装置安装工程	
过程控制管理计算机安装工程	
生产、经营管理计算机安装工程	
管理计算机双机切换装置安装工程	
管理计算机网络设备安装工程	
可编程逻辑控制装置安装工程	
操作站及数据通讯网络安装工程	
过程 I/O 组件安装工程	
与其他设备接口安装工程	

续附表1

类 别 名 称	说　　明
直接数字控制系统（DDC）安装工程	
现场总线（FCS）安装工程	
操作站（FCS）安装工程	
现场总线仪表安装工程	
仪表管路敷设工程	
钢管敷设工程	
高压管敷设工程	
不锈钢管敷设工程	
有色金属管及非金属管敷设工程	
管缆敷设工程	
工厂通信、供电工程	
工厂通信线路安装工程	
工厂通信设备安装工程	
供电系统安装工程	
仪表盘、箱、柜及附件安装工程	
盘、箱、柜安装	
盘柜附件、元件制作、安装	
仪表附件安装工程	
仪表阀门安装工程	
仪表支吊架安装工程	
仪表附件安装工程	
建筑智能化工程	
智能化集成系统工程	
智能化系统信息共享	
平台建设安装工程	
信息化应用功能实施工程	
信息设施系统工程	
电话交换系统安装工程	
信息网络系统安装工程	
综合布线系统安装工程	
室内移动通信覆盖系统安装工程	
卫星通信系统安装工程	
有线电视及卫星电视接收系统安装工程	
广播系统安装工程	
会议系统安装工程	
信息导引及发布系统安装工程	
时钟系统安装工程	
信息化应用系统工程	
工作业务应用系统安装工程	
物业运营管理系统安装工程	

续附表1

类 别 名 称	说 明
公共服务管理系统安装工程	
公众信息服务系统安装工程	
智能卡应用系统安装工程	
信息网络安全管理系统安装工程	
建筑设备管理系统工程	
热力系统的检测、监视、控制等管理系统安装工程	
制冷系统的检测、监视、控制等管理系统安装工程	
空调系统的检测、监视、控制等管理系统安装工程	
给排水系统的检测、监视、控制等管理系统安装工程	
电力系统的检测、监视、控制等管理系统安装工程	
照明控制系统检测、监视、控制等管理系统安装工程	
电梯检测、监视、控制等管理系统安装工程	
公共安全系统工程	
安全技术防范系统安装工程	
安全防范综合管理系统安装工程	
入侵报警系统安装工程	
视频安防监控系统安装工程	
出入口控制系统安装工程	
电子巡查管理系统安装工程	
访客对讲系统安装工程	
停车库（场）管理系统安装工程	
应急联动系统安装工程	
大屏幕显示系统安装工程	
基于地理信息系统的分析决策支持系统安装工程	
视频会议系统安装工程	
信息发布系统安装工程	
机房工程	
信息中心设备机房安装工程	
数字程控交换机系统设备机房安装工程	
通信系统总配线设备机房安装工程	
消防监控中心机房安装工程	
安防监控中心机房安装工程	
智能化系统设备总控室安装工程	
通信接入系统设备机房安装工程	
有线电视前端设备机房安装工程	
弱电间（电信间）和应急指挥中心机房安装工程	
机房配电及照明系统安装工程	
机房空调安装工程	
机房电源安装工程	
防静电地板安装工程	

续附表1

类 别 名 称	说　明
防雷接地系统安装工程	
机房环境监控系统安装工程	
机房气体灭火系统安装工程	
建筑环境工程	
环境检测工程	
绿化工程	
音乐喷泉安装工程	
管道工程	
压力管道工程	
GA 类长输管道安装工程	
输送有毒、可燃、易爆气体介质的管道安装工程	
输送有毒、可燃、易爆液体介质的管道安装工程	
GB 类公用管道安装工程	
输送浆体介质的管道安装工程	
燃气管道安装工程	
热力管道安装工程	
GC 类工业管道安装工程	
火灾危险性为甲、乙类可燃气体或可燃液体介质管道安装工程	
可燃、有毒流体介质管道安装工程	
设计压力小于 10MPa，且设计温度大于或等于 400℃，输送非可燃无毒流体的管道安装工程	
动力管道工程	
蒸汽管道安装工程	
空气压缩管道安装工程	
制冷管道安装工程	
工艺管道工程	
输送各种介质的钢管道安装工程	
铸铁管道安装工程	
有色金属管道安装工程	
非金属管道安装工程	
建筑管道工程	
室内给水系统安装工程	
室内排水系统安装工程（含卫生器具）	
室内热水供应系统安装工程	
室内采暖系统安装工程	
室外给水管网安装工程	
室外排水管网安装工程	
室外供热管网安装工程	
建筑中水及游泳池系统安装工程	

类 别 名 称	说 明
消防工程	
水灭火系统工程	
水灭火消防器材安装工程	
水灭火管道安装工程	
气体灭火系统工程	
气体灭火消防器材安装工程	
气体灭火管道安装工程	
泡沫灭火系统工程	
泡沫灭火消防器材安装工程	
泡沫灭火管道安装工程	
火灾自动报警系统工程	
火灾自动报警器材安装工程	
火灾自动报警管道安装工程	
消防系统调试工程	
自动报警系统装置调试工程	
水灭火系统控制装置调试工程	
防火控制系统装置调试工程	
气体灭火系统装置调试工程	
净化工程	
净化工作台工程	
风淋室工程	
洁净室工程	
内装工程	
净化空调工程	
净化设备安装工程	
净化工艺管道工程	
纯水管道系统安装工程	
纯水处理设备安装工程	
工艺冷却水系统安装工程	
氮气系统安装工程	
氢气、压缩空气系统安装工程	
系统洁净度、露点、纯度测试工程	
特气系统安装工程	
通风与空调工程	
通风与空调设备及部件制作、安装工程	
空气加热器（冷却器）安装工程	
通风机安装工程	
除尘设备安装工程	
空调器安装工程	
风机盘管安装工程	

续附表1

类 别 名 称	说 明
过滤器安装工程	
通风与空调风管系统工程	
碳钢通风管道制作、安装工程	
净化通风管道制作、安装工程	
不锈钢板通风管道制作、安装工程	
铝板通风管道制作、安装工程	
塑料通风管道制作、安装工程	
玻璃钢通风管道制作、安装工程	
复合型通风管道制作、安装工程	
柔性软通风管道制作、安装工程	
通风与空调水系统工程	
碳钢调节阀门制作安装	
通风与空调系统检测、调试工程	
通风与空调工程检测工程	
通风与空调工程调试工程	
设备及管道防腐蚀绝热工程	
设备及管道防腐蚀工程	
金属镀层安装工程	
衬里安装工程	
耐蚀金属衬里安装工程	
玻璃钢衬里安装工程	
橡胶衬里安装工程	
化学搪瓷衬里安装工程	
砖板衬里安装工程	
防腐蚀涂层安装工程	
设备及管道绝热工程	
捆扎法绝热施工工程	
粘贴法绝热施工工程	
浇注法绝热施工工程	
喷涂法绝热施工工程	
填充法绝热施工工程	
拼砌法绝热施工工程	
炉窑工程	
冶金炉窑工程	
有色金属炉窑工程	
化工炉窑工程	
建材工业炉窑工程	
其他专业炉窑工程	
一般工业炉窑工程	
金属结构制作安装工程	

类　别　名　称	说　明
管道安装工程	
自动化仪表工程	
炉体砌筑工程	
炉窑金具件制作、安装工程	
现浇耐火（隔热）浇注料浇注	
耐火捣打料捣打	
耐火可塑料捣打	
耐火喷涂料喷涂	
人工涂抹不定形耐火材料	
耐火（隔热）浇注料制品预制	
耐火（隔热）浇注料预制块安装	
辅助项目工程	
抹灰	
涂抹料涂抹	
填料充填	
灌浆	
贴挂高温（隔热）板（毡）	
缠石棉绳	
粘贴耐火纤维模块	
炉窑金具件制作、安装	
电子与信息通信工程	
电子系统工程	
雷达导航与测控系统安装工程	
计算机及应用和信息网络安装工程	
通信和综合信息网络安装工程	
监控系统电子自动化安装工程	
电子声像系统安装工程	
电磁兼容系统安装工程	
电子机房安装工程	
电子设备工程	
电子整机设备安装工程	
电子基础件工程安装工程	
显示器件工程安装工程	
微电子产品工程安装工程	
通信设备工程	
通信电源设备安装工程	
程控电话交换机设备安装工程	
光纤传输系统设备安装工程	
非话通信系统设备安装工程	
微波通信系统设备安装工程	

续附表1

类 别 名 称	说　明
卫星通信地球站设备安装工程	
小口径卫星通信地球站设备安装工程	
移动通讯设备安装工程	
时钟同步系统设备安装工程	
接入网系统设备安装工程	
网管、维护、收费中心安装工程	
系统设备安装工程	
计算机信息网络工程	
网络设备安装工程	
软件安装工程	
电源设备安装工程	
配套设备安装工程	
机房布线系统安装工程	
机房工程安装工程	
通信机房与通信枢纽楼工程	
通信机房安装工程	
通信枢纽楼安装工程	
通信线路工程	
开挖与填埋工程	
通信管道工程	
杆路工程	
线、缆敷设工程	
通信线路设备安装工程	
线、缆保护工程	
综合布线系统安装工程	

附录2 建设工程行业分类表

附表2 建设工程行业分类表

类别	类 别 名 称
	建筑工程
	民用建筑工程
	居住建筑工程
	地基基础工程
	主体结构工程
	屋面工程
	建筑装饰装修工程
	建筑给水、排水及采暖工程
	建筑电气工程
	建筑智能化工程
	通风与空调工程
	电梯工程
	室外土建工程
	室外安装工程
	其他建筑工程
	办公建筑工程
	旅馆住宿建筑工程
	商业建筑工程
	居民服务建筑工程
	文化建筑工程
1	教育建筑工程
	体育建筑工程
	卫生建筑工程
	科研建筑工程
	交通建筑工程
	其他民用建筑工程
	工业建筑工程
	车间建筑工程
	仓库建筑工程
	辅助用房建筑工程
	附属设施建筑工程
	工业构筑物建筑工程
	其他工业建筑工程
	构筑物工程
	电视塔（信号发射塔）工程
	纪念塔（碑）工程
	广告牌（塔）工程
	水工构筑物工程
	热工构筑物工程
	其他构筑物工程

续附表 2

类别	类 别 名 称
1	其他建筑工程
2	市政工程
	城市道路工程
	路基工程
	路基土石方工程
	路基附属工程
	路面工程
	路面工程
	路面附属工程
	供电、照明工程
	交通安全设施工程
	城市轨道工程
	地下铁道工程
	区间隧道工程
	车站工程
	轨道工程
	供电工程
	变电所工程
	牵引网工程
	电缆工程
	通信、信号及信息工程
	通信工程
	信号工程
	信息工程
	通风、空调与采暖工程
	通风工程
	空调工程
	采暖工程
	给水与排水工程
	给水工程
	排水工程
	防灾与报警工程
	防灾工程
	报警工程
	其他工程
	车辆工程
	其他建筑及设备安装工程
	轻轨交通工程
	路基工程
	路基土石方工程
	路基附属工程

类别	类别名称
2	桥涵工程
	桥梁工程
	涵洞工程
	隧道工程
	轨道工程
	供电工程
	变电所工程
	牵引网工程
	电缆工程
	通信、信号及信息工程
	通信工程
	信号工程
	信息工程
	给水与排水工程
	给水工程
	排水工程
	防灾与报警工程
	防灾工程
	报警工程
	其他工程
	车站工程
	车辆工程
	其他建筑及设备安装工程
	磁悬浮交通工程
	路基工程
	路基土石方工程
	路基附属工程
	桥涵工程
	桥梁工程
	涵洞工程
	隧道工程
	轨道工程
	供电工程
	变电所工程
	电缆工程
	通信、信号及信息工程
	通信工程
	信号工程
	信息工程
	给水与排水工程
	给水工程

续附表2

类别	类 别 名 称
	排水工程
	防灾与报警工程
	防灾工程
	报警工程
	其他工程
	车站工程
	车辆工程
	其他建筑及设备安装工程
	城市公共广场工程
	广场工程
	广场附属工程
	城市桥涵工程
	桥涵工程
	桥涵附属工程
	城市供水工程
	供水厂工程
	建筑工程
	设备安装工程
	供水管道工程
	建筑工程
2	设备安装工程
	管道附属工程
	城市排水工程
	污水处理厂工程
	建筑工程
	设备安装工程
	排水管道工程
	建筑工程
	设备安装工程
	管道附属工程
	城市供气工程
	燃气源工程
	建筑工程
	设备安装工程
	燃气管道工程
	建筑工程
	设备安装工程
	管道附属工程
	燃气储备厂（站）工程
	建筑工程
	设备安装工程

续附表2

类别	类 别 名 称
2	城市供热工程
	热源工程
	建筑工程
	设备安装工程
	管道工程
	建筑工程
	设备安装工程
	管道附属工程
	垃圾及污水处理工程
	填埋场工程
	焚烧厂工程
	污水处理工程
	城市园林工程
	庭院工程
	绿化工程
	停车设施工程
	建筑工程
	设备安装工程
	其他市政工程
3	煤炭矿山工程
	矿井工程
	井筒工程（矿、安）
	井底车场巷道及硐室工程（矿、安）
	主要运输道及回风道工程（矿、安）
	采区工程（矿、安）
	提升系统工程（矿、土、安）
	排水系统工程（矿、安）
	通风系统工程（矿、土、安）
	压风系统工程（矿、土、安）
	地面生产系统工程（主井、副井、风井）
	充填灌浆及井下洒水工程（矿、土、安）
	供电系统工程（矿、土、安）
	地面运输工程（铁路、公路、索道）
	室外给排水及供热工程（土、安）
	辅助厂房及仓库工程（土、安）
	行政福利设施工程（土、安）
	场区设施工程（土）
	居住区工程（土、安）
	露天矿工程
	采剥工程
	矿岩运输工程

续附表2

类 别	类 别 名 称
3	排土工程
	地面生产系统
	地面运输工程（铁路、公路）
	地下水控制及防排水工程
	通信控制工程
	供电系统
	室外给排水及供热工程
	机修工程
	辅助厂房及专用仓库
	行政福利设施工程
	场区设施工程
	居住区工程
	环境保护工程
	安全工程
	疏干防排水工程（土、安）
	选煤厂工程
	工业场地工程（土、安）
	原煤储存仓工程（土、安）
	原煤装车仓工程（土、安）
	介质准备车间工程（土、安）
	主厂房工程（土、安）
	干燥车间工程（土、安）
	压滤车间工程（土、安）
	硫化铁回收系统工程（土、安）
	浓缩车间工程（土、安）
	集中水池及泵房工程（土、安）
	产品装车仓工程（土、安）
	精、中煤储煤场工程（土、安）
	矸石装车仓工程（土、安）
	排矸系统工程（土、安）
	事故沉淀池工程（土、安）
	输送机栈桥、地道工程（土、安）
	转载点工程（土、安）
	供电系统工程（土、安）
	生产系统集中控制工程（安）
	生产系统自动化工程（安）
	电话广播工程（安）
	室外给排水工程（土、安）
	辅助生产建筑工程（土、安）
	原煤储煤场工程（土、安）
	矿山配套工程

续附表 2

类别	类 别 名 称
4	石油天然气工程
	油气田地面工程
	集输管道工程
	管道敷设工程
	管道穿（跨）越工程
	站场工程
	工艺管道及阀门安装工程
	分离、过滤等设备安装工程
	非标设备制作及安装
	配套工程
	自控仪表工程
	通信工程
	供配电工程
	暖通工程
	给排水工程
	防腐工程
	建（构）筑物
	消防工程
	水土保持工程
	矿区建设工程
	办公楼工程
	值班室、宿舍、食堂、车库等建（构）筑物工程
	绿化、环保
	内部道路桥梁工程
	长距离管道输送工程
	线路工程
	管道敷设工程
	管道穿（跨）越工程
	线路截断阀室工程
	站场工程
	输油站工程
	罐区工程
	阀组工程
	泵房工程
	站内管网工程
	加热炉（换热器）工程
	交接计量工程
	反输工程
	清管设施
	输气站工程
	气质分析

续附表2

类别	类 别 名 称
	分离
	调压
	计量
	清管设施
	压缩机组
	站内管网
	分输
	放空
	配套工程
	供配电
	自控仪表
	通信
	给排水
	污水处理
	消防
	建（构）筑物
	防腐蚀
	伴行道路
	水土保持工程
	环境保护
4	生产管理设施
	办公楼
	值班宿舍
	食堂
	车库
	管道维抢修
	油气库工程
	原油及成品油储库
	罐体
	工艺管道及设备
	装卸
	计量
	液化石油气及轻烃储库
	罐体
	工艺管道及设备
	装卸
	计量
	液化天然气储库
	码头及栈桥
	罐体
	工艺管道及设备

类别	类 别 名 称
	气化
	增压/冷凝
	计量
	装车
	地下储油（气）库
	集输工程
	处理工程
	计量
	外输
	配套工程
	自控仪表
	空压
	供配电
	通信
	给排水
	含油污水处理
	热工及采暖通风
	建（构）筑物
	消防
	防腐蚀
4	道路
	分析化验
	环境保护等工程
	生产管理设施
	办公楼
	控制室
	车库
	维修及配套
	油气加工工程
	工艺管道及设备安装工程
	配套工程
	自控仪表
	供配电
	通信
	暖通
	给排水
	消防
	防腐
	建（构）筑物
	生产管理设施
	办公楼

续附表 2

类别	类 别 名 称
4	值班室
	会议室
	倒班宿舍
	食堂
	车库
	维修及配套
	石油机械制造与修理工程（同机械工程）
5	海洋石油工程
	厂房
	建筑工程
	地基基础工程
	主体结构工程
	建筑装饰装修工程
	建筑屋面工程
	建筑安装工程
	建筑给排水及采暖安装工程
	建筑电气安装工程
	建筑通风与空调工程
	建筑智能化安装工程
	消防设施安装工程
	工艺设备安装工程
	海洋油气开发平台安装工程
	海洋石油导管制造与安装
	海洋石油模块制造与安装
	海底管道工程
	起重设备安装工程
	配套工程
	建筑工程
	地基基础工程
	主体结构工程
	建筑装饰装修工程
	建筑屋面工程
	建筑安装工程
	建筑给排水及采暖安装工程
	建筑电气安装工程
	建筑通风与空调工程
	建筑智能化工程
	电梯安装工程
	工艺设备安装工程
	机械设备安装工程
	管道安装工程

类别	类 别 名 称
5	电气装置安装工程
	自动化仪表安装工程
	设备及管道防腐蚀与绝热工程
	工业炉窑砌筑工程
	非标准设备制作、安装工程
	附属工程
	建筑工程
	地基基础工程
	主体结构工程
	装饰装修工程
	屋面工程
	建筑安装工程
	给排水及采暖安装工程
	电气安装工程
	通风与空调工程
	办公楼
	科研楼
	服务用房
	室外环境
	其他工程
6	火电工程
	厂房
	建筑工程
	土石方工程
	基础工程
	地面及地下设施工程
	屋面、楼面工程
	屋架工程
	墙体工程
	框架、梁柱工程
	构筑物工程
	厂区性建筑工程
	建筑安装工程
	建筑给排水及采暖安装工程
	建筑电气安装工程
	建筑通风与空调安装工程
	建筑智能化安装工程
	消防设施安装工程
	电梯安装工程
	除尘系统安装工程
	工艺设备安装工程

续附表2

类别	类 别 名 称
	火力发电工程
	热力设备安装工程
	锅炉机组工程
	汽轮发电机组工程
	热力系统汽水管道工程
	热网系统工程
	防腐蚀与绝热工程
	燃料供应系统
	除灰系统工程
	化学水处理系统工程
	供水系统安装工程
	附属生产工程
	电气设备安装工程
	发电机电气安装
	变压器安装
	配电装置安装
	母线安装
	控制设备安装
	用电安装
	电缆及接地安装
6	热工仪表及控制设备安装
	通信设备安装
	辅助生产工具安装
	送变电工程
	送电线路工程
	土石方工程
	基础工程
	杆塔工程
	架线工程
	附件工程
	电缆工程
	光纤复合架空地线工程
	变电站工程
	土石方工程
	基础工程
	变压器安装工程
	控制盘柜安装工程
	线路安装工程
	风力发电工程
	太阳能发电工程
	太阳能热动力发电工程

续附表2

类别	类 别 名 称
6	太阳能光发电工程
	太阳能热发电工程
	配套工程
	建筑工程
	地基基础工程
	主体结构工程
	建筑装饰装修工程
	建筑屋面工程
	建筑安装工程
	建筑给排水及采暖安装工程
	建筑电气安装工程
	建筑通风与空调工程
	建筑智能化工程
	电梯安装工程
	工艺设备安装工程
	机械设备安装工程
	管道安装工程
	电气装置安装工程
	自动化仪表安装工程
	设备及管道防腐蚀与绝热工程
	工业炉窑砌筑工程
	非标准设备制作、安装工程
	附属工程
	建筑工程
	地基基础工程
	主体结构工程
	装饰装修工程
	屋面工程
	建筑安装工程
	建筑给排水及采暖安装工程
	建筑电气安装工程
	建筑通风与空调工程
	办公楼
	科研楼
	服务用房
	室外环境
	其他工程
7	水电工程
	厂房
	建筑工程
	水工建筑物基础处理工程

续附表 2

类别	类 别 名 称
7	主体结构工程
	装饰装修工程
	屋面工程
	建筑安装工程
	建筑给排水及采暖安装工程
	建筑电气安装工程
	建筑通风与空调安装工程
	建筑智能化安装工程
	电梯安装工程
	消防设施安装工程
	工艺设备安装工程
	水力发电工程
	水轮发电机组安装工程
	抽水蓄能机组安装工程
	水泵机组安装工程
	水工金属结构制作与安装工程
	启闭机安装工程
	附属设备安装工程
	送变电工程
	送电线路（含电缆）工程
	变电站工程
	配套工程
	建筑工程
	地基基础工程
	主体结构工程
	装饰装修工程
	屋面工程
	建筑安装工程
	建筑给排水及采暖安装工程
	建筑电气安装工程
	建筑通风与空调工程
	建筑智能化工程
	电梯安装工程
	工艺设备安装工程
	机械设备安装工程
	管道安装工程
	电气装置安装工程
	自动化仪表安装工程
	设备及管道防腐蚀与绝热工程
	工业炉窑砌筑工程
	非标准设备制作、安装工程

类别	类 别 名 称
7	附属工程
	建筑工程
	地基基础工程
	主体结构工程
	装饰装修工程
	屋面工程
	建筑安装工程
	建筑给排水及采暖安装工程
	建筑电气安装工程
	建筑通风与空调工程
	办公楼
	科研楼
	服务用房
	室外环境
	其他工程
8	核工业（含核电）工程
	厂房
	建筑工程
	地基基础工程
	主体结构工程
	建筑装饰装修工程
	建筑屋面工程
	建筑安装工程
	建筑给排水及采暖安装工程
	建筑电气安装工程
	建筑通风与空调工程
	建筑智能化工程
	电梯安装工程
	工艺设备安装工程
	核电站设备安装工程
	压水堆设备安装工程
	重水堆设备安装工程
	高温气冷堆设备安装工程
	反应堆设备安装工程
	石墨型设备安装工程
	动力型设备安装工程
	试验反应堆设备安装工程
	核燃料加工制造及处理设备安装工程
	铀转换化工程
	铀浓缩工程
	燃料元件加工工程

类别	类 别 名 称
	乏燃料后处理工程
	铀矿山及铀选冶设备安装工程
	铀矿开采工程
	铀矿石选矿工程
	铀矿石加工工程
	铀精制工程
	核环保设备安装工程
	核设施退役工程
	放射性三废处理处置工程
	核应用设备安装工程
	核技术应用工程
	同位素应用工程
	辐射防护工程
	粒子加速器工程
	电子加速器工程
	配套工程
	建筑工程
	地基基础工程
	主体结构工程
	建筑装饰装修工程
8	建筑屋面工程
	建筑安装工程
	建筑给排水及采暖安装工程
	建筑电气安装工程
	建筑通风与空调工程
	建筑智能化工程
	电梯安装工程
	工艺设备安装工程
	机械设备安装工程
	管道安装工程
	电气装置安装工程
	自动化仪表安装工程
	设备及管道防腐蚀与绝热工程
	工业炉窑砌筑工程
	非标准设备制作、安装工程
	附属工程
	建筑工程
	地基基础工程
	主体结构工程
	建筑装饰装修工程
	建筑屋面工程

类别	类别名称
8	建筑安装工程
	建筑给排水及采暖安装工程
	建筑电气安装工程
	建筑通风与空调工程
	办公楼
	科研楼
	服务用房
	室外环境
	其他工程
9	建材工程
	矿山工程
	矿井工程
	竖井
	掘进与混凝土砌壁
	支护
	罐道梁支柱安装
	斜井与斜巷
	开挖与掘进
	支护
	混凝土砌碹
	平硐与平巷
	开挖与掘进
	支护
	混凝土砌碹
	天井与溜井
	天、溜井掘进
	安装与加固
	喷射混凝土支护
	马头门、交叉点及硐室
	掘进
	支护
	铺轨
	井、巷、硐铺轨
	采区运输巷铺轨
	固定道床铺轨
	转车盘铺设
	道岔铺设与安装
	露天矿工程
	采剥工程
	道路工程
	废石场工程

类别	类别名称
	外部运输工程
	矿石破碎工程
	溜井平硐工程
	胶带机输送工程
	工业场地工程
	爆破器材库工程
	矿区防洪排水工程
	矿山配套工程
	水泥工程
	水泥厂厂房
	建筑工程
	地基基础工程
	主体结构工程
	建筑装饰装修工程
	建筑屋面工程
	建筑安装工程
	建筑给排水及采暖安装工程
	建筑电气安装工程
	建筑通风与空调工程
	建筑智能化工程
9	电梯安装工程
	水泥熟料粉磨站
	水泥制品（混凝土预制件和混凝土搅拌站）工程
	工艺设备安装工程
	原料系统安装工程
	机械设备安装工程
	管道安装工程
	电气装置安装工程
	自动化仪表安装工程
	设备及管道防腐蚀与绝热工程
	非标准设备制作、安装工程
	煤粉制备系统安装工程
	预热器系统安装工程
	废气处理系统安装工程
	熟料烧成系统安装工程
	机械设备安装工程
	管道安装工程
	电气装置安装工程
	自动化仪表安装工程
	设备及管道防腐蚀与绝热工程
	工业炉窑砌筑工程

续附表2

类别	类 别 名 称
9	非标准设备制作、安装工程
	水泥粉磨系统安装工程
	成品包装系统安装工程
	全长物料储存及输送系统安装工程
	全厂管线系统安装工程
	配套工程
	建筑工程
	地基基础工程
	主体结构工程
	建筑装饰装修工程
	建筑屋面工程
	建筑安装工程
	建筑给排水及采暖安装工程
	建筑电气安装工程
	建筑通风与空调工程
	建筑智能化工程
	电梯安装工程
	工艺设备安装工程
	机械设备安装工程
	管道安装工程
	电气装置安装工程
	自动化仪表安装工程
	设备及管道防腐蚀与绝热工程
	工业炉窑砌筑工程
	非标准设备制作、安装工程
	附属工程
	建筑工程
	地基基础工程
	主体结构工程
	建筑装饰装修工程
	建筑屋面工程
	建筑安装工程
	建筑给排水及采暖安装工程
	建筑电气安装工程
	建筑通风与空调工程
	办公楼
	科研楼
	服务用房
	室外环境
	其他工程
	玻璃工程

续附表2

类别	类 别 名 称
	厂房
	建筑工程
	地基基础工程
	主体结构工程
	建筑装饰装修工程
	建筑屋面工程
	建筑安装工程
	建筑给排水及采暖安装工程
	建筑电气安装工程
	建筑通风与空调工程
	建筑智能化工程
	电梯安装工程
	工艺设备安装工程
	原料制备系统安装工程
	机械设备安装工程
	管道安装工程
	电气装置安装工程
	自动化仪表安装工程
	设备及管道防腐蚀与绝热工程
	非标准设备制作、安装工程
9	炉窑系统安装工程
	成型系统安装工程
	成品包装系统安装工程
	配套工程
	建筑工程
	地基基础工程
	主体结构工程
	建筑装饰装修工程
	建筑屋面工程
	建筑安装工程
	建筑给排水及采暖安装工程
	建筑电气安装工程
	建筑通风与空调工程
	建筑智能化工程
	电梯安装工程
	工艺设备安装工程
	机械设备安装工程
	管道安装工程
	电气装置安装工程
	自动化仪表安装工程
	设备及管道防腐蚀与绝热工程

续附表 2

类别	类 别 名 称
9	工业炉窑砌筑工程
	非标准设备制作、安装工程
	附属工程
	建筑工程
	地基基础工程
	主体结构工程
	建筑装饰装修工程
	建筑屋面工程
	建筑安装工程
	建筑给排水及采暖安装工程
	建筑电气安装工程
	建筑通风与空调工程
	办公楼
	科研楼
	服务用房
	室外环境
	其他工程
	陶瓷、耐火材料工程
	厂房
	建筑工程
	地基基础工程
	主体结构工程
	建筑装饰装修工程
	建筑屋面工程
	建筑安装工程
	建筑给排水及采暖安装工程
	建筑电气安装工程
	建筑通风与空调工程
	建筑智能化工程
	电梯安装工程
	工艺设备安装工程
	原料制备系统安装工程
	炉窑系统安装工程
	成型系统安装工程
	成品包装系统安装工程
	配套工程
	建筑工程
	地基基础工程
	主体结构工程
	建筑装饰装修工程
	建筑屋面工程

类别	类别名称
	建筑安装工程
	建筑给排水及采暖安装工程
	建筑电气安装工程
	建筑通风与空调工程
	建筑智能化工程
	电梯安装工程
	工艺设备安装工程
	机械设备安装工程
	管道安装工程
	电气装置安装工程
	自动化仪表安装工程
	设备及管道防腐蚀与绝热工程
	工业炉窑砌筑工程
	非标准设备制作、安装工程
	附属工程
	建筑工程
	地基基础工程
	主体结构工程
	建筑装饰装修工程
	建筑屋面工程
9	建筑安装工程
	建筑给排水及采暖安装工程
	建筑电气安装工程
	建筑通风与空调工程
	办公楼
	科研楼
	服务用房
	室外环境
	其他工程
	新型建筑材料工程
	厂房
	建筑工程
	地基基础工程
	主体结构工程
	建筑装饰装修工程
	建筑屋面工程
	建筑安装工程
	建筑给排水及采暖安装工程
	建筑电气安装工程
	建筑通风与空调工程
	建筑智能化工程

续附表 2

类别	类 别 名 称
9	电梯安装工程
	工艺设备安装工程
	原料制备系统安装工程
	炉窑系统安装工程
	成型系统安装工程
	成品包装系统安装工程
	配套工程
	建筑工程
	地基基础工程
	主体结构工程
	建筑装饰装修工程
	建筑屋面工程
	建筑安装工程
	建筑给排水及采暖安装工程
	建筑电气安装工程
	建筑通风与空调工程
	建筑智能化工程
	电梯安装工程
	工艺设备安装工程
	机械设备安装工程
	管道安装工程
	电气装置安装工程
	自动化仪表安装工程
	设备及管道防腐蚀与绝热工程
	工业炉窑砌筑工程
	非标准设备制作、安装工程
	附属工程
	建筑工程
	地基基础工程
	主体结构工程
	建筑装饰装修工程
	建筑屋面工程
	建筑安装工程
	建筑给排水及采暖安装工程
	建筑电气安装工程
	建筑通风与空调工程
	办公楼
	科研楼
	服务用房
	室外环境
	其他工程

类别	类 别 名 称
	非金属矿及原料制备工程
	厂房
	建筑工程
	地基基础工程
	主体结构工程
	建筑装饰装修工程
	建筑屋面工程
	建筑安装工程
	建筑给排水及采暖安装工程
	建筑电气安装工程
	建筑通风与空调工程
	建筑智能化工程
	电梯安装工程
	工艺设备安装工程
	原料制备系统安装工程
	加工系统安装工程
	成品包装系统安装工程
	配套工程
	建筑工程
	地基基础工程
9	主体结构工程
	建筑装饰装修工程
	建筑屋面工程
	建筑安装工程
	建筑给排水及采暖安装工程
	建筑电气安装工程
	建筑通风与空调工程
	建筑智能化工程
	电梯安装工程
	工艺设备安装工程
	机械设备安装工程
	管道安装工程
	电气装置安装工程
	自动化仪表安装工程
	设备及管道防腐蚀与绝热工程
	工业炉窑砌筑工程
	非标准设备制作、安装工程
	附属工程
	建筑工程
	地基基础工程
	主体结构工程

续附表2

类别	类 别 名 称
	建筑装饰装修工程
	建筑屋面工程
	建筑安装工程
	建筑给排水及采暖安装工程
	建筑电气安装工程
	建筑通风与空调工程
	办公楼
	科研楼
	服务用房
	室外环境
	其他工程
	无机非金属材料及制品工程
	厂房
	建筑工程
	地基基础工程
	主体结构工程
	建筑装饰装修工程
	建筑屋面工程
	建筑安装工程
	建筑给排水及采暖安装工程
9	建筑电气安装工程
	建筑通风与空调工程
	建筑智能化工程
	电梯安装工程
	工艺设备安装工程
	原料制备系统安装工程
	炉窑系统安装工程
	成型系统安装工程
	成品包装系统安装工程
	配套工程
	建筑工程
	地基基础工程
	主体结构工程
	建筑装饰装修工程
	建筑屋面工程
	建筑安装工程
	建筑给排水及采暖安装工程
	建筑电气安装工程
	建筑通风与空调工程
	建筑智能化工程
	电梯安装工程

续附表2

类别	类别名称
9	工艺设备安装工程
	机械设备安装工程
	管道安装工程
	电气装置安装工程
	自动化仪表安装工程
	设备及管道防腐蚀与绝热工程
	工业炉窑砌筑工程
	非标准设备制作、安装工程
	附属工程
	建筑工程
	地基基础工程
	主体结构工程
	建筑装饰装修工程
	建筑屋面工程
	建筑安装工程
	建筑给排水及采暖安装工程
	建筑电气安装工程
	建筑通风与空调工程
	办公楼
	科研楼
	服务用房
	室外环境
	其他工程
10	冶金工程
	矿山基建工程
	露天开采工程
	露天剥离工程
	排土场建设工程
	铁路运输
	道路运输
	胶带机运输
	矿井开采工程
	矿井井巷工程
	支护工程
	轻轨铺设
	矿井装备
	选矿工程
	破碎系统工程
	胶带运输系统工程
	尾矿库系统
	选矿厂装备

续附表2

类别	类别名称
10	土建工程
	地表工业建筑
	生活设施
	总图运输系统
	铁路
	道路
	土石方
	机电设备安装工程
	井上机电设备安装
	井下机电设备安装
	架线
	管道
	敷设电缆
	露天采场机电设备安装
	焦化工程
	厂房
	建筑工程
	地基基础工程
	主体结构工程
	建筑装饰装修工程
	建筑屋面工程
	建筑安装工程
	建筑给排水及采暖安装工程
	建筑电气安装工程
	建筑通风与空调工程
	建筑智能化工程
	电梯安装工程
	工艺设备安装工程
	备煤工程
	贮煤场
	一次粉碎系统
	二次粉碎系统
	原料控制管理中心
	炼焦工程
	焦炉本体
	焦炉移动机械
	干熄焦
	焦处理
	焦炉水处理
	煤气净化工程
	煤气冷气输送系统

续附表2

类别	类 别 名 称
10	煤气脱硫系统
	煤气脱氰系统
	煤气脱氨系统
	煤气脱苯系统
	化工原料及产品贮存运输系统
	煤气净化控制室
	化学产品工程
	苯氢精致装置
	古马隆树脂生产装置
	焦油萘蒸馏装置
	精致萘生产装置
	酚精制装置
	吡啶精制装置
	沥青焦生产装置
	化学产品附属公用设施
	化学产品附属装置
	化学产品其他辅助工程
	生产辅助工程
	除尘设施
	采暖通风设施
	自动化控制系统
	变配电及供电系统
	循环水系统
	制冷站
	锅炉房
	空压站
	焦化酚氰污水处理站
	煤气防护站
	机修间
	分析检化验室
	软水制备站
	煤气贮气柜
	煤气放散装置
	耐材及备品备件库
	工业电视及危险场所报警系统
	全厂公用工程
	外部给排水、雨排水管道
	围厂河及暗渠
	电缆隧道工程
	全厂通讯管线
	焦化区域绿化工程

类别	类 别 名 称
	焦化区动力管网及单元配管
	焦化区机修站
	耐火材料库
	办公楼
	科研楼
	服务用房
	室外环境
	其他工程
	烧结工程
	厂房
	建筑工程
	地基基础工程
	主体结构工程
	建筑装饰装修工程
	建筑屋面工程
	建筑安装工程
	建筑给排水及采暖安装工程
	建筑电气安装工程
	建筑通风与空调工程
	建筑智能化工程
	消防设施安装工程
10	工艺设备安装工程
	原料系统工程
	精矿仓
	熔剂燃料仓库
	受矿槽
	熔剂破碎室
	燃料预筛车间
	四辊破碎室
	烧结系统工程
	配料室
	热返矿槽
	一次混合室
	二次混合室
	烧结室
	电除尘灰贮运及混合室
	抽风机室
	冷烧结矿筛分破碎室
	成品仓
	公用辅助设施系统工程
	机尾除尘

续附表2

类别	类 别 名 称
10	除氟设施
	环保除尘
	烟气净化脱硫脱氮
	新水处理
	石灰石乳制品间
	污水处理
	余热利用
	机修间
	综合材料库
	外部管网系统工程
	配套工程（各类动力站房、变电所、维修加工车间等）
	建筑工程
	地基基础工程
	主体结构工程
	建筑装饰装修工程
	建筑屋面工程
	建筑安装工程
	建筑给排水及采暖安装工程
	建筑电气安装工程
	建筑通风与空调工程
	建筑智能化工程
	电梯安装工程
	工艺设备安装工程
	机械设备安装工程
	管道安装工程
	电气装置安装工程
	自动化仪表安装工程
	设备及管道防腐蚀与绝热工程
	工业炉窑砌筑工程
	非标准设备制作、安装工程
	附属工程
	建筑工程
	地基基础工程
	主体结构工程
	建筑装饰装修工程
	建筑屋面工程
	建筑安装工程
	建筑给排水及采暖安装工程
	建筑电气安装工程
	建筑通风与空调工程
	办公楼

类别	类 别 名 称
10	科研楼
	服务用房
	室外环境
	其他工程
	炼铁工程
	厂房
	建筑工程
	地基基础工程
	主体结构工程
	建筑装饰装修工程
	建筑屋面工程
	建筑安装工程
	建筑给排水及采暖安装工程
	建筑电气安装工程
	建筑通风与空调工程
	建筑智能化工程
	消防设施安装工程
	工艺设备安装工程
	原料系统工程
	贮料场
	皮带机输送
	给料、称量设备
	上料运输机械
	高炉炉顶装料设备
	冶炼系统工程
	高炉本体
	热风炉
	出铁场
	鼓风机站
	渣、铁处理系统工程
	渣处理设施
	铁处理设施
	能源介质及公用系统工程
	电力设施
	焦炉煤气、高炉点火设施
	水处理、循环水和供排水设施
	全厂管网设施
	通信设施
	道路及照明设施
	机修及仓库设施
	辅助生产材料制备、贮存和运输系统工程

类别	类 别 名 称
	碾泥系统工程
	铸铁机系统工程
	高炉水渣细磨综合利用系统工程
	配套工程
	建筑工程
	地基基础工程
	主体结构工程
	建筑装饰装修工程
	建筑屋面工程
	建筑安装工程
	建筑给排水及采暖安装工程
	建筑电气安装工程
	建筑通风与空调工程
	建筑智能化工程
	电梯安装工程
	工艺设备安装工程
	机械设备安装工程
	管道安装工程
	电气装置安装工程
	自动化仪表安装工程
10	设备及管道防腐蚀与绝热工程
	工业炉窑砌筑工程
	非标准设备制作、安装工程
	附属工程
	建筑工程
	地基基础工程
	主体结构工程
	建筑装饰装修工程
	建筑屋面工程
	建筑安装工程
	建筑给排水及采暖安装工程
	建筑电气安装工程
	建筑通风与空调工程
	办公楼
	科研楼
	服务用房
	室外环境
	其他工程
	炼钢工程
	厂房
	建筑工程

类别	类 别 名 称
10	地基基础工程
	主体结构工程
	建筑装饰装修工程
	建筑屋面工程
	建筑安装工程
	建筑给排水及采暖安装工程
	建筑电气及自动化安装工程
	建筑采暖通风与空调安装工程
	建筑智能化工程
	电梯安装工程
	工艺设备安装工程
	铁水脱硫工程
	氮气压力输送设施
	贮料仓设施
	混铁水排渣工程
	混铁水排渣间
	排渣吊车
	转炉本体工程
	电炉炉本体及其附属设施
	电极升降及旋转装置
	短网及高压电气系统
	液压站
	烟气冷却及净化系统
	散状材料及铁合金加入系统
	炉下车设施
	转炉废气处理
	排气冷却装置
	排气除尘净化装置
	引风机
	引风机
	煤气管道以及煤气回收装置
	RH 真空脱气工程
	燃烧器装置
	铁合金输送设备
	大型桥式吊车工程
	原料上料皮带通廊工程
	地下料仓工程
	附属工程
	建筑工程
	地基基础工程
	主体结构工程

类别	类 别 名 称
10	建筑装饰装修工程
	建筑屋面工程
	建筑安装工程
	建筑给排水及采暖安装工程
	建筑电气安装工程
	建筑通风与空调工程
	办公楼
	科研楼
	服务用房
	室外环境
	其他工程
	连续铸钢工程
	厂房
	建筑工程
	地基基础工程
	主体结构工程
	建筑装饰装修工程
	建筑屋面工程
	建筑安装工程
	建筑给排水及采暖安装工程
	建筑电气安装工程
	建筑通风与空调工程
	建筑智能化工程
	消防设施安装工程
	工艺设备安装工程
	中间包车装置系统工程
	机械系统
	电气系统
	液压系统
	管路系统
	结晶器装置系统工程
	二次冷却装置系统工程
	拉坯矫直装置系统工程
	切割装置
	引锭装置
	钢水包运载装置设备
	铸锭吊车和钢水包固定支撑架
	浇注车
	钢水包回转台
	液压系统
	动力部分

类别	类 别 名 称
10	控制装置
	执行机构
	辅助系统
	计算机系统
	电控系统
	三重点温度测量系统
	冷却水测量系统
	进出冷却水温度测量系统
	铸坯表面温度测量系统
	中间包温度测量系统
	拉坯参数测量系统
	水系统
	冷却水系统
	热水系统
	配套工程（各类动力站房、变电所、维修加工车间等）
	建筑工程
	地基基础工程
	主体结构工程
	建筑装饰装修工程
	建筑屋面工程
	建筑安装工程
	建筑给排水及采暖安装工程
	建筑电气安装工程
	建筑通风与空调工程
	建筑智能化工程
	电梯安装工程
	工艺设备安装工程
	机械设备安装工程
	管道安装工程
	电气装置安装工程
	自动化仪表安装工程
	设备及管道防腐蚀与绝热工程
	工业炉窑砌筑工程
	非标准设备制作、安装工程
	附属工程
	建筑工程
	地基基础工程
	主体结构工程
	建筑装饰装修工程
	建筑屋面工程
	建筑安装工程

续附表 2

类别	类 别 名 称
	建筑给排水及采暖安装工程
	建筑电气安装工程
	建筑通风与空调工程
	办公楼
	科研楼
	服务用房
	室外环境
	其他工程
	板材轧钢工程
	厂房
	建筑工程
	地基基础工程
	主体结构工程
	建筑装饰装修工程
	建筑屋面工程
	建筑安装工程
	建筑给排水及采暖安装工程
	建筑电气安装工程
	建筑通风与空调工程
	建筑智能化工程
10	消防设施安装工程
	工艺设备安装工程
	板坯库工程
	加热炉工程
	轧制线工程
	主电室工程
	精整线工程
	磨辊间工程
	配套工程（各类动力站房、变电所、维修加工车间等）
	建筑工程
	地基基础工程
	主体结构工程
	建筑装饰装修工程
	建筑屋面工程
	建筑安装工程
	建筑给排水及采暖安装工程
	建筑电气安装工程
	建筑通风与空调工程
	建筑智能化工程
	电梯安装工程
	工艺设备安装工程

续附表2

类别	类别名称
10	机械设备安装工程
	管道安装工程
	电气装置安装工程
	自动化仪表安装工程
	设备及管道防腐蚀与绝热工程
	工业炉窑砌筑工程
	非标准设备制作、安装工程
	附属工程
	建筑工程
	地基基础工程
	主体结构工程
	建筑装饰装修工程
	建筑屋面工程
	建筑安装工程
	建筑给排水及采暖安装工程
	建筑电气安装工程
	建筑通风与空调工程
	办公楼
	科研楼
	服务用房
	室外环境
	其他工程
	管材轧钢工程
	厂房
	建筑工程
	地基基础工程
	主体结构工程
	建筑装饰装修工程
	建筑屋面工程
	建筑安装工程
	建筑给排水及采暖安装工程
	建筑电气安装工程
	建筑通风与空调工程
	建筑智能化工程
	消防设施安装工程
	工艺设备安装工程
	无缝钢管生产工程
	开坯
	毛轧
	精制
	大口径螺旋焊管生产工程

续附表2

类别	类 别 名 称
	高频直缝连续电焊机组
	直缝电焊管机组
	螺旋电焊管机组
	连续焊焊管机组
	配套工程（各类动力站房、变电所、维修加工车间等）
	建筑工程
	地基基础工程
	主体结构工程
	建筑装饰装修工程
	建筑屋面工程
	建筑安装工程
	建筑给排水及采暖安装工程
	建筑电气安装工程
	建筑通风与空调工程
	建筑智能化工程
	电梯安装工程
	工艺设备安装工程
	机械设备安装工程
	管道安装工程
10	电气装置安装工程
	自动化仪表安装工程
	设备及管道防腐蚀与绝热工程
	工业炉窑砌筑工程
	非标准设备制作、安装工程
	附属工程
	建筑工程
	地基基础工程
	主体结构工程
	建筑装饰装修工程
	建筑屋面工程
	建筑安装工程
	建筑给排水及采暖安装工程
	建筑电气安装工程
	建筑通风与空调工程
	办公楼
	科研楼
	服务用房
	室外环境
	其他工程
	型材轧钢工程
	厂房

类别	类 别 名 称
10	建筑工程
	地基基础工程
	主体结构工程
	建筑装饰装修工程
	建筑屋面工程
	建筑安装工程
	建筑给排水及采暖安装工程
	建筑电气安装工程
	建筑通风与空调工程
	建筑智能化工程
	消防设施安装工程
	工艺设备安装工程
	加热炉设备
	主轧机设备
	精整主要设备
	全厂淬火设备
	起重设备
	轧辊加工设备
	工具加工设备
	机修设备
	配套工程（各类动力站房、变电所、维修加工车间等）
	建筑工程
	地基基础工程
	主体结构工程
	建筑装饰装修工程
	建筑屋面工程
	建筑安装工程
	建筑给排水及采暖安装工程
	建筑电气安装工程
	建筑通风与空调工程
	建筑智能化工程
	电梯安装工程
	工艺设备安装工程
	机械设备安装工程
	管道安装工程
	电气装置安装工程
	自动化仪表安装工程
	设备及管道防腐蚀与绝热工程
	工业炉窑砌筑工程
	非标准设备制作、安装工程
	附属工程

续附表2

类别	类 别 名 称
10	建筑工程
	地基基础工程
	主体结构工程
	建筑装饰装修工程
	建筑屋面工程
	建筑安装工程
	建筑给排水及采暖安装工程
	建筑电气安装工程
	建筑通风与空调工程
	办公楼
	科研楼
	服务用房
	室外环境
	其他工程
11	有色金属（含黄金）工程
	矿山工程
	井巷工程
	矿山井巷工程
	支护工程
	轻轨铺设
	井筒装备
	土建工程
	地表工业建筑
	生活设施
	总图运输系统
	铁路
	道路
	土石方
	机电设备安装工程
	井上机电设备安装
	井下机电设备安装
	架线
	管道
	敷设电缆
	冶炼工程
	厂房
	建筑工程
	地基基础工程
	主体结构工程
	建筑装饰装修工程
	建筑屋面工程

类别	类 别 名 称
11	建筑安装工程
	建筑给排水及采暖安装工程
	建筑电气安装工程
	建筑通风与空调工程
	建筑智能化工程
	电梯安装工程
	工艺设备安装工程
	冶炼
	氧化铝工程
	电解铝工程
	镁冶炼工程
	钛冶炼工程
	镍冶炼工程
	碳素工程
	黄金冶炼工程
	其他金属冶炼工程
	氧化铝工程
	电解铝工程
	镁冶炼工程
	钛冶炼工程
	镍冶炼工程
	碳素工程
	黄金冶炼工程
	其他金属冶炼工程
	采矿设备
	提升
	运输
	提升
	运输
	选矿设备
	破碎
	筛分设备
	磨矿
	选别
	破碎
	筛分设备
	磨矿
	选别
	配套工程（各类动力站房、变电所、维修加工车间等）
	建筑工程
	地基基础工程

续附表 2

类别	类 别 名 称
11	主体结构工程
	建筑装饰装修工程
	建筑屋面工程
	建筑安装工程
	建筑给排水及采暖安装工程
	建筑电气安装工程
	建筑通风与空调工程
	建筑智能化工程
	电梯安装工程
	工艺设备安装工程
	机械设备安装工程
	管道安装工程
	电气装置安装工程
	自动化仪表安装工程
	设备及管道防腐蚀与绝热工程
	工业炉窑砌筑工程
	非标准设备制作、安装工程
	附属工程
	建筑工程
	地基基础工程
	主体结构工程
	建筑装饰装修工程
	建筑屋面工程
	建筑安装工程
	建筑给排水及采暖安装工程
	建筑电气安装工程
	建筑通风与空调工程
	办公楼
	科研楼
	服务用房
	室外环境
	其他工程
	材料加工工程
	重金属加工工程
	轻金属加工工程
	制品加工工程
	板、带、箔、丝材加工工程
	型材加工工程
	双零箔材
	电解铜箔工程
	厂房

续附表2

类别	类 别 名 称
11	建筑工程
	地基基础工程
	主体结构工程
	建筑装饰装修工程
	建筑屋面工程
	建筑安装工程
	建筑给排水及采暖安装工程
	建筑电气安装工程
	建筑通风与空调工程
	建筑智能化工程
	电梯安装工程
	工艺设备安装工程
	重金属加工工程
	轻金属加工工程
	制品加工工程
	板、带、箔、丝材加工工程
	型材加工工程
	双零箔材
	电解铜箔工程
	配套工程
	建筑工程
	地基基础工程
	主体结构工程
	建筑装饰装修工程
	建筑屋面工程
	建筑安装工程
	建筑给排水及采暖安装工程
	建筑电气安装工程
	建筑通风与空调工程
	建筑智能化工程
	电梯安装工程
	工艺设备安装工程
	机械设备安装工程
	管道安装工程
	电气装置安装工程
	自动化仪表安装工程
	设备及管道防腐蚀与绝热工程
	工业炉窑砌筑工程
	非标准设备制作、安装工程
	附属工程
	建筑工程

续附表 2

类别	类 别 名 称
11	地基基础工程
	主体结构工程
	建筑装饰装修工程
	建筑屋面工程
	建筑安装工程
	建筑给排水及采暖安装工程
	建筑电气安装工程
	建筑通风与空调工程
	办公楼
	科研楼
	服务用房
	室外环境
	其他工程
12	石化工程
	炼油工程
	厂房
	建筑工程
	地基基础工程
	主体结构工程
	建筑装饰装修工程
	建筑屋面工程
	建筑安装工程
	建筑给排水及采暖安装工程
	建筑电气安装工程
	建筑通风与空调安装工程
	建筑智能化安装工程
	电梯安装工程
	消防设施安装工程
	工艺设备安装工程
	常减压蒸馏安装工程
	机械设备安装工程
	管道安装工程
	电气装置安装工程
	自动化仪表安装工程
	设备及管道防腐蚀与绝热工程
	工业炉窑砌筑工程
	非标准设备制作、安装工程
	气体分馏安装工程
	催化反应加工安装工程
	加氢裂化、精制安装工程
	制氢安装工程

类别	类 别 名 称
12	气体、液化气脱硫安装工程
	制硫安装工程
	焦化安装工程
	气体加工安装工程
	润滑油加氢安装工程
	重整装置安装工程
	配套工程
	建筑工程
	地基基础工程
	主体结构工程
	建筑装饰装修工程
	建筑屋面工程
	建筑安装工程
	建筑给排水及采暖安装工程
	建筑电气安装工程
	建筑通风与空调工程
	建筑智能化工程
	电梯安装工程
	工艺设备安装工程
	机械设备安装工程
	管道安装工程
	电气装置安装工程
	自动化仪表安装工程
	设备及管道防腐蚀与绝热工程
	工业炉窑砌筑工程
	非标准设备制作、安装工程
	附属工程
	建筑工程
	地基基础工程
	主体结构工程
	建筑装饰装修工程
	建筑屋面工程
	建筑安装工程
	建筑给排水及采暖安装工程
	建筑电气安装工程
	建筑通风与空调工程
	办公楼
	科研楼
	服务用房
	室外环境
	其他工程

续附表2

类别	类 别 名 称
	石油及化工产品储运工程
	输油工程
	输气工程
	油库工程
	建筑工程
	地基基础工程
	主体结构工程
	建筑装饰装修工程
	建筑屋面工程
	建筑安装工程
	建筑给排水及采暖安装工程
	建筑电气安装工程
	建筑通风与空调安装工程
	建筑智能化安装工程
	消防设施安装工程
	工艺设备安装工程
	金属结构制作、安装工程
	机械设备安装工程
	管道安装工程
12	电气装置安装工程
	自动化仪表安装工程
	设备及管道防腐蚀与绝热工程
	非标准设备制作、安装工程
	配套工程
	建筑工程
	地基基础工程
	主体结构工程
	建筑装饰装修工程
	建筑屋面工程
	建筑安装工程
	建筑给排水及采暖安装工程
	建筑电气安装工程
	建筑通风与空调工程
	建筑智能化工程
	电梯安装工程
	工艺设备安装工程
	机械设备安装工程
	管道安装工程
	电气装置安装工程
	自动化仪表安装工程
	设备及管道防腐蚀与绝热工程

类别	类 别 名 称
12	工业炉窑砌筑工程
	非标准设备制作、安装工程
	附属工程
	建筑工程
	地基基础工程
	主体结构工程
	建筑装饰装修工程
	建筑屋面工程
	建筑安装工程
	建筑给排水及采暖安装工程
	建筑电气安装工程
	建筑通风与空调工程
	办公楼
	科研楼
	服务用房
	室外环境
	其他工程
13	化工工程（以无机化工工程为例）
	无机化工工程
	矿山工程（磷矿、硫铁矿）
	露天开采工程
	露天剥离工程
	排土场建设工程
	铁路运输
	道路运输
	胶带机运输
	矿井开采工程
	矿井井巷工程
	支护工程
	轻轨铺设
	矿井装
	选矿工程
	破碎系统工程
	胶带运输系统工程
	尾矿库系统
	选矿厂装备
	土建工程
	地表工业建筑
	生活设施
	总图运输系统
	铁路

续附表 2

类别	类别名称
13	道路
	土石方
	机电设备安装工程
	井上机电设备安装
	井下机电设备安装
	架线
	管道
	敷设电缆
	露天采场机电设备安装
	敷设电缆
	厂房
	建筑工程
	地基基础工程
	主体结构工程
	建筑装饰装修工程
	建筑屋面工程
	建筑安装工程
	建筑给排水及采暖安装工程
	建筑电气安装工程
	建筑通风与空调工程
	建筑智能化工程
	电梯安装工程
	消防设施安装工程
	工艺设备安装工程
	合成氨、尿素安装工程
	机械设备安装工程
	管道安装工程
	电气装置安装工程
	自动化仪表安装工程
	设备及管道防腐蚀工程
	工业炉窑砌筑工程
	非标准设备制作、安装工程
	硫酸、磷酸安装工程
	烧碱、纯碱安装工程
	磷肥、复肥安装工程
	无机盐安装工程
	配套工程
	建筑工程
	地基基础工程
	主体结构工程
	建筑装饰装修工程

类别	类别名称
13	建筑屋面工程
	建筑安装工程
	建筑给排水及采暖安装工程
	建筑电气安装工程
	建筑通风与空调工程
	建筑智能化工程
	电梯安装工程
	工艺设备安装工程
	机械设备安装工程
	管道安装工程
	电气装置安装工程
	自动化仪表安装工程
	设备及管道防腐蚀工程
	工业炉窑砌筑工程
	非标准设备制作、安装工程
	附属工程
	建筑工程
	地基基础工程
	主体结构工程
	建筑装饰装修工程
	建筑屋面工程
	建筑安装工程
	建筑给排水及采暖安装工程
	建筑电气安装工程
	建筑通风与空调工程
	其他工程
	有机化工工程（包括烯、醇、苯、烷、酮、聚酯、橡胶、农药、精细化工等）
	合成材料及加工工程（包括树脂、塑料、化纤、油漆及涂料、橡胶轮胎、橡胶制品等）
	其他化工工程
	矿山工程
	井巷工程
	矿山井巷工程
	支护工程
	轻轨铺设
	井筒装备
	土建工程
	地表工业建筑
	生活设施
	总图运输系统
	道路

续附表 2

类别	类 别 名 称
13	土石方
	机电设备安装
	井上机电设备安装
	井下机电设备安装
	架线
	管道
	敷设电缆
	厂房
	建筑工程
	地基基础工程
	主体结构工程
	建筑装饰装修工程
	建筑屋面工程
	建筑安装工程
	建筑给排水及采暖安装工程
	建筑电气安装工程
	建筑通风与空调安装工程
	建筑智能化安装工程
	电梯安装工程
	消防设施安装工程
	工艺设备安装工程
	合成氨、尿素安装工程
	机械设备安装工程
	管道安装工程
	电气装置安装工程
	自动化仪表安装工程
	设备及管道防腐蚀与绝热工程
	工业炉窑砌筑工程
	非标准设备制作、安装工程
	硫酸、磷酸安装工程
	烧碱、纯碱安装工程
	磷肥、复肥安装工程
	无机盐安装工程
	配套工程
	建筑工程
	地基基础工程
	主体结构工程
	建筑装饰装修工程
	建筑屋面工程
	建筑安装工程
	建筑给排水及采暖安装工程

续附表2

类别	类 别 名 称
13	建筑电气安装工程
	建筑通风与空调工程
	建筑智能化工程
	电梯安装工程
	工艺设备安装工程
	机械设备安装工程
	管道安装工程
	电气装置安装工程
	自动化仪表安装工程
	设备及管道防腐蚀与绝热工程
	工业炉窑砌筑工程
	非标准设备制作、安装工程
	附属工程
	建筑工程
	地基基础工程
	主体结构工程
	建筑装饰装修工程
	建筑屋面工程
	建筑安装工程
	建筑给排水及采暖安装工程
	建筑电气安装工程
	建筑通风与空调工程
	办公楼
	科研楼
	服务用房
	室外环境
	其他工程
14	医药工程
	厂房
	建筑工程
	地基基础工程
	主体结构工程
	建筑装饰装修工程
	建筑屋面工程
	建筑安装工程
	建筑给排水及采暖安装工程
	建筑电气安装工程
	建筑通风与空调工程
	建筑智能化工程
	电梯安装工程
	工艺设备安装工程

续附表2

类别	类别名称
	生化、生物药设备安装工程
	机械设备安装工程
	管道安装工程
	电气装置安装工程
	自动化仪表安装工程
	设备及管道防腐蚀与绝热工程
	非标准设备制作、安装工程
	洁净工程
	中成药设备安装工程
	药物制剂设备安装工程
	化学原料药设备安装工程
	医疗器械（含药品内包装）设备安装工程
	配套工程（各种动力站房及变电所）
	建筑工程
	地基基础工程
	主体结构工程
	建筑装饰装修工程
	建筑屋面工程
	建筑安装工程
14	建筑给排水及采暖安装工程
	建筑电气安装工程
	建筑通风与空调工程
	建筑智能化工程
	电梯安装工程
	工艺设备安装工程
	机械设备安装工程
	管道安装工程
	电气装置安装工程
	自动化仪表安装工程
	设备及管道防腐蚀与绝热工程
	工业炉窑砌筑工程
	非标准设备制作、安装工程
	附属工程
	建筑工程
	地基基础工程
	主体结构工程
	建筑装饰装修工程
	建筑屋面工程
	建筑安装工程
	建筑给排水及采暖安装工程
	建筑电气安装工程

续附表 2

类别	类 别 名 称
	建筑通风与空调工程
14	办公楼
	科研楼
	服务用房
	室外环境
	其他工程
15	机械工程（以通用设备制造工程为例）
	通用设备制造工程
	厂房
	建筑工程
	地基基础工程
	主体结构工程
	建筑装饰装修工程
	建筑屋面工程
	地基基础工程
	主体结构工程
	建筑装饰装修工程
	建筑屋面工程
	建筑给排水及采暖安装工程
	建筑电气安装工程
	建筑通风与空调工程
	建筑智能化工程
	电梯安装工程
	消防设施安装工程
	建筑安装工程
	建筑给排水及采暖安装工程
	建筑电气安装工程
	建筑通风与空调安装工程
	建筑智能化安装工程
	电梯安装工程
	消防设施安装工程
	工艺设备安装工程
	冷加工设备安装工程
	机械设备安装工程
	管道安装工程
	电气装置安装工程
	自动化仪表安装工程
	设备及管道防腐蚀工程
	非标准设备制作、安装工程
	热加工设备安装工程
	机械设备安装工程

续附表2

类别	类别名称
	管道安装工程
	电气装置安装工程
	自动化仪表安装工程
	设备及管道防腐蚀工程
	工业炉窑砌筑工程
	非标准设备制作、安装工程
	非标准设备加工安装工程
	表面处理设备安装工程
	检测计量试验设备安装工程
	冷加工设备安装工程
	机械设备安装工程
	管道安装工程
	电气装置安装工程
	自动化仪表安装工程
	设备及管道防腐蚀与绝热工程
	非标准设备制作、安装工程
	热加工设备安装工程
	机械设备安装工程
	管道安装工程
	电气装置安装工程
15	自动化仪表安装工程
	设备及管道防腐蚀与绝热工程
	工业炉窑砌筑工程
	非标准设备制作、安装工程
	非标准设备加工安装工程
	表面处理设备安装工程
	检测计量试验设备安装工程
	配套工程
	建筑工程
	地基基础工程
	主体结构工程
	建筑装饰装修工程
	建筑屋面工程
	建筑安装工程
	建筑给排水及采暖安装工程
	建筑电气安装工程
	建筑通风与空调工程
	建筑智能化工程
	电梯安装工程
	工艺设备安装工程
	机械设备安装工程

类别	类别名称
	管道安装工程
	电气装置安装工程
	自动化仪表安装工程
	设备及管道防腐蚀与绝热工程
	工业炉窑砌筑工程
	非标准设备制作、安装工程
	附属工程
	建筑工程
	地基基础工程
	主体结构工程
	建筑装饰装修工程
	建筑屋面工程
	建筑安装工程
	建筑给排水及采暖安装工程
	建筑电气安装工程
	建筑通风与空调工程
	建筑智能化工程
	电梯安装工程
	工艺设备安装工程
15	机械设备安装工程
	管道安装工程
	电气装置安装工程
	自动化仪表安装工程
	设备及管道防腐蚀工程
	工业炉窑砌筑工程
	非标准设备制作、安装工程
	办公楼
	科研楼
	服务用房
	室外环境
	其他工程
	科研楼
	服务用房
	室外环境
	其他工程
	专用设备制造工程
	电气机械设备制造工程
	交通运输设备制造工程
	金属制品设备制造工程
	仪器仪表及文化办公机械制造工程

续附表2

类别	类别名称
	航天与航空工程
	厂房
	建筑工程
	地基基础工程
	主体结构工程
	建筑装饰装修工程
	建筑屋面工程
	建筑安装工程
	建筑给排水及采暖安装工程
	建筑电气安装工程
	建筑通风与空调工程
	建筑智能化工程
	电梯安装工程
	工艺设备安装工程
	航空航天飞行器机电安装
	运载火箭工程机电安装
	地面设备及地面指导站地面测试和飞行模拟系统机电安装
	发动机及动力装置机电安装
	地面发射、回收设备及制导站机电安装
	航空航天空间飞行实验系统机电安装
16	配套工程
	建筑工程
	地基基础工程
	主体结构工程
	建筑装饰装修工程
	建筑屋面工程
	建筑安装工程
	建筑给排水及采暖安装工程
	建筑电气安装工程
	建筑通风与空调工程
	建筑智能化工程
	电梯安装工程
	工艺设备安装工程
	机械设备安装工程
	管道安装工程
	电气装置安装工程
	自动化仪表安装工程
	设备及管道防腐蚀与绝热工程
	工业炉窑砌筑工程
	非标准设备制作、安装工程
	附属工程

续附表2

类别	类别名称
16	建筑工程
	地基基础工程
	主体结构工程
	建筑装饰装修工程
	建筑屋面工程
	建筑安装工程
	建筑给排水及采暖安装工程
	建筑电气安装工程
	建筑通风与空调工程
	办公楼
	科研楼
	服务用房
	室外环境
	其他工程
17	兵器与船舶工程
	兵器工程
	厂房
	建筑工程
	地基基础工程
	主体结构工程
	建筑装饰装修工程
	建筑屋面工程
	建筑安装工程
	建筑给排水及采暖安装工程
	建筑电气安装工程
	建筑通风与空调工程
	建筑智能化工程
	电梯安装工程
	工艺设备安装工程
	坦克装甲车辆制造工程
	设备安装工程
	电气装置安装工程
	自动化仪表安装工程
	管道安装工程
	设备及管道防腐蚀与绝热工程
	工业炉窑砌筑工程
	非标准设备制作、安装工程
	枪、炮制造工程
	炸药、火药制造工程
	防化、民爆器材工程

续附表 2

类别	类别名称
17	配套工程
	建筑工程
	地基基础工程
	主体结构工程
	建筑装饰装修工程
	建筑屋面工程
	建筑安装工程
	建筑给排水及采暖安装工程
	建筑电气安装工程
	建筑通风与空调工程
	建筑智能化工程
	电梯安装工程
	工艺设备安装工程
	机械设备安装工程
	管道安装工程
	电气装置安装工程
	自动化仪表安装工程
	设备及管道防腐蚀与绝热工程
	工业炉窑砌筑工程
	非标准设备制作、安装工程
	附属工程
	建筑工程
	地基基础工程
	主体结构工程
	建筑装饰装修工程
	建筑屋面工程
	建筑安装工程
	建筑给排水及采暖安装工程
	建筑电气安装工程
	建筑通风与空调工程
	办公楼
	科研楼
	服务用房
	室外环境
	其他工程
	船舶工程
	厂房
	建筑工程
	地基基础工程
	主体结构工程

类别	类 别 名 称
17	建筑装饰装修工程
	建筑屋面工程
	建筑安装工程
	建筑给排水及采暖安装工程
	建筑电气安装工程
	建筑通风与空调工程
	建筑智能化工程
	电梯安装工程
	工艺设备安装工程
	船舶机械工程
	机械设备安装工程
	管道安装工程
	电气装置安装工程
	自动化仪表安装工程
	设备及管道防腐蚀与绝热工程
	工业炉窑砌筑工程
	非标准设备制作、安装工程
	船舶制造工程
	船体制造工程
	船体管道工程
	船体结构件工程
	船体电气设备工程
	船体自动控制工程
	配套工程
	建筑工程
	地基基础工程
	主体结构工程
	建筑装饰装修工程
	建筑屋面工程
	建筑安装工程
	建筑给排水及采暖安装工程
	建筑电气安装工程
	建筑通风与空调工程
	建筑智能化工程
	电梯安装工程
	工艺设备安装工程
	机械设备安装工程
	管道安装工程
	电气装置安装工程
	自动化仪表安装工程

续附表2

类别	类 别 名 称
17	设备及管道防腐蚀与绝热工程
	工业炉窑砌筑工程
	非标准设备制作、安装工程
	附属工程
	建筑工程
	地基基础工程
	主体结构工程
	建筑装饰装修工程
	建筑屋面工程
	建筑安装工程
	建筑给排水及采暖安装工程
	建筑电气安装工程
	建筑通风与空调工程
	办公楼
	科研楼
	服务用房
	室外环境
	其他工程
18	轻工工程
	造纸工程
	厂房
	建筑工程
	地基基础工程
	主体结构工程
	建筑装饰装修工程
	建筑屋面工程
	建筑安装工程
	建筑给排水及采暖安装工程
	建筑电气安装工程
	建筑通风与空调工程
	建筑智能化工程
	电梯安装工程
	消防设施安装工程
	工艺设备安装工程
	备料工程
	堆料系统安装
	原料剥皮系统安装
	切断和削片系统安装
	输送和储存系统安装
	制浆工程

类别	类 别 名 称
18	预处理系统安装
	蒸煮系统安装
	筛选系统安装
	漂白系统安装
	磨浆系统安装
	制纸工程
	成型设备安装
	压榨设备安装
	干燥设备安装
	施胶设备安装
	涂布设备安装
	压光设备安装
	热回收设备安装
	成品及包装工程
	复卷系统安装
	切纸系统安装
	包装系统安装
	配套工程
	建筑工程
	地基基础工程
	主体结构工程
	建筑装饰装修工程
	建筑屋面工程
	建筑安装工程
	建筑给排水及采暖安装工程
	建筑电气安装工程
	建筑通风与空调工程
	建筑智能化工程
	电梯安装工程
	工艺设备安装工程
	机械设备安装工程
	管道安装工程
	电气装置安装工程
	自动化仪表安装工程
	设备及管道防腐蚀与绝热工程
	工业炉窑砌筑工程
	非标准设备制作、安装工程
	附属工程
	建筑工程
	地基基础工程

类别	类 别 名 称
	主体结构工程
	建筑装饰装修工程
	建筑屋面工程
	建筑安装工程
	建筑给排水及采暖安装工程
	建筑电气安装工程
	建筑通风与空调工程
	办公楼
	科研楼
	服务用房
	室外环境
	其他工程
	制糖工程
	厂房
	建筑工程
	地基基础工程
	主体结构工程
	建筑装饰装修工程
	建筑屋面工程
18	建筑安装工程
	建筑给排水及采暖安装工程
	建筑电气安装工程
	建筑通风与空调工程
	建筑智能化工程
	电梯安装工程
	消防设施安装工程
	工艺设备安装工程
	原料工程
	堆料系统安装
	输送系统安装
	称量系统安装
	轧料工程
	预破碎系统安装
	压榨系统（渗出系统）安装
	收汁系统安装
	炼制工程
	澄清系统安装
	过滤系统安装
	蒸发系统安装
	浓缩结晶工程

续附表2

类别	类 别 名 称
18	结晶系统安装
	助晶系统安装
	分离系统安装
	干燥系统安装
	成品及包装工程
	包装系统安装
	码垛系统安装
	成品库安装
	配套工程
	建筑工程
	地基基础工程
	主体结构工程
	建筑装饰装修工程
	建筑屋面工程
	建筑安装工程
	建筑给排水及采暖安装工程
	建筑电气安装工程
	建筑通风与空调工程
	建筑智能化工程
	电梯安装工程
	工艺设备安装工程
	机械设备安装工程
	管道安装工程
	电气装置安装工程
	自动化仪表安装工程
	设备及管道防腐蚀与绝热工程
	工业炉窑砌筑工程
	非标准设备制作、安装工程
	附属工程
	建筑工程
	地基基础工程
	主体结构工程
	建筑装饰装修工程
	建筑屋面工程
	建筑安装工程
	建筑给排水及采暖安装工程
	建筑电气安装工程
	建筑通风与空调工程
	办公楼
	科研楼

续附表2

类　别	类 别 名 称
	服务用房
	室外环境
	其他工程
	制盐工程
	厂房
	建筑工程
	地基基础工程
	主体结构工程
	建筑装饰装修工程
	建筑屋面工程
	建筑安装工程
	建筑给排水及采暖安装工程
	建筑电气安装工程
	建筑通风与空调工程
	建筑智能化工程
	电梯安装工程
	消防设施安装工程
	工艺设备安装工程
	纳潮及制卤工程
18	井矿盐采矿系统安装
	井矿盐卤水净化系统安装
	井矿盐卤水贮存系统安装
	海盐纳潮系统安装
	海盐晒盐系统安装
	海盐收盐系统安装
	浓缩结晶工程
	多效蒸发结晶系统安装
	增稠器系统安装
	离心分离系统安装
	干燥系统安装
	采盐及加碘工程
	碘液制备安装
	加碘系统安装
	输送机安装
	成品及包装工程
	包装系统安装
	码垛系统安装
	成品库安装
	配套工程
	建筑工程

续附表2

类别	类 别 名 称
18	地基基础工程
	主体结构工程
	建筑装饰装修工程
	建筑屋面工程
	建筑安装工程
	建筑给排水及采暖安装工程
	建筑电气安装工程
	建筑通风与空调工程
	建筑智能化工程
	电梯安装工程
	工艺设备安装工程
	机械设备安装工程
	管道安装工程
	电气装置安装工程
	自动化仪表安装工程
	设备及管道防腐蚀与绝热工程
	工业炉窑砌筑工程
	非标准设备制作、安装工程
	附属工程
	建筑工程
	地基基础工程
	主体结构工程
	建筑装饰装修工程
	建筑屋面工程
	建筑安装工程
	建筑给排水及采暖安装工程
	建筑电气安装工程
	建筑通风与空调工程
	办公楼
	科研楼
	服务用房
	室外环境
	其他工程
	制烟工程
	厂房
	建筑工程
	地基基础工程
	主体结构工程
	建筑装饰装修工程
	建筑屋面工程

续附表2

类别	类 别 名 称
18	建筑安装工程
	建筑给排水及采暖安装工程
	建筑电气安装工程
	建筑通风与空调工程
	建筑智能化工程
	电梯安装工程
	消防设施安装工程
	工艺设备安装工程
	备料工程
	打叶（叶、梗）系统安装
	复烤系统安装
	烟叶初加工系统安装
	贮存（自然发酵）系统安装
	包装系统安装
	制丝工程
	叶片加工系统安装
	叶丝加工系统安装
	梗丝加工系统安装
	烟丝混配系统安装
	贮存系统安装
	卷包工程
	卷制系统安装
	接嘴系统安装
	小盒包装系统安装
	条盒包装系统安装
	成品及包装工程
	装封箱系统安装
	成品垛码系统安装
	配套工程
	建筑工程
	地基基础工程
	主体结构工程
	建筑装饰装修工程
	建筑屋面工程
	建筑安装工程
	建筑给排水及采暖安装工程
	建筑电气安装工程
	建筑通风与空调工程
	建筑智能化工程
	电梯安装工程

续附表 2

类别	类 别 名 称
18	工艺设备安装工程
	机械设备安装工程
	管道安装工程
	电气装置安装工程
	自动化仪表安装工程
	设备及管道防腐蚀与绝热工程
	工业炉窑砌筑工程
	非标准设备制作、安装工程
	附属工程
	建筑工程
	地基基础工程
	主体结构工程
	建筑装饰装修工程
	建筑屋面工程
	建筑安装工程
	建筑给排水及采暖安装工程
	建筑电气安装工程
	建筑通风与空调工程
	办公楼
	科研楼
	服务用房
	室外环境
	其他工程
	酿造工程
	厂房
	建筑工程
	地基基础工程
	主体结构工程
	建筑装饰装修工程
	建筑屋面工程
	建筑安装工程
	建筑给排水及采暖安装工程
	建筑电气安装工程
	建筑通风与空调工程
	建筑智能化工程
	电梯安装工程
	消防设施安装工程
	工艺设备安装工程
	备料工程
	原料暂存系统安装

类别	类 别 名 称
	原料计量配料系统安装
	原料的破碎、液化、糖化系统安装
	料液的浓缩系统安装
	其他辅料的制备系统安装
	发酵工程
	发酵系统安装
	扩培系统安装
	清酒工程
	提取系统安装
	浓缩、结晶、分离干燥包装系统安装
	蒸馏系统安装
	过滤系统安装
	清酒系统安装
	灌装工程
	灌装线系统安装
	装箱系统安装
	成品库系统安装
	配套工程
	建筑工程
18	地基基础工程
	主体结构工程
	建筑装饰装修工程
	建筑屋面工程
	建筑安装工程
	建筑给排水及采暖安装工程
	建筑电气安装工程
	建筑通风与空调工程
	建筑智能化工程
	电梯安装工程
	工艺设备安装工程
	机械设备安装工程
	管道安装工程
	电气装置安装工程
	自动化仪表安装工程
	设备及管道防腐蚀与绝热工程
	工业炉窑砌筑工程
	非标准设备制作、安装工程
	附属工程
	建筑工程
	地基基础工程

续附表2

类别	类 别 名 称
18	主体结构工程
	建筑装饰装修工程
	建筑屋面工程
	建筑安装工程
	建筑给排水及采暖安装工程
	建筑电气安装工程
	建筑通风与空调工程
	办公楼
	科研楼
	服务用房
	室外环境
	其他工程
	家电及日用机械工程
	厂房
	建筑工程
	地基基础工程
	主体结构工程
	建筑装饰装修工程
	建筑屋面工程
	建筑安装工程
	建筑给排水及采暖安装工程
	建筑电气安装工程
	建筑通风与空调工程
	建筑智能化工程
	电梯安装工程
	消防设施安装工程
	工艺设备安装工程
	钣金生产线系统安装
	箱体注塑生产线系统安装
	装配生产线系统安装
	检测生产线系统安装
	配套工程
	建筑工程
	地基基础工程
	主体结构工程
	建筑装饰装修工程
	建筑屋面工程
	建筑安装工程
	建筑给排水及采暖安装工程
	建筑电气安装工程

类别	类 别 名 称
18	建筑通风与空调工程
	建筑智能化工程
	电梯安装工程
	工艺设备安装工程
	机械设备安装工程
	管道安装工程
	电气装置安装工程
	自动化仪表安装工程
	设备及管道防腐蚀与绝热工程
	工业炉窑砌筑工程
	非标准设备制作、安装工程
	附属工程
	建筑工程
	地基基础工程
	主体结构工程
	建筑装饰装修工程
	建筑屋面工程
	建筑安装工程
	建筑给排水及采暖安装工程
	建筑电气安装工程
	建筑通风与空调工程
	办公楼
	科研楼
	服务用房
	室外环境
	其他工程
	日用化工工程
	厂房
	建筑工程
	地基基础工程
	主体结构工程
	建筑装饰装修工程
	建筑屋面工程
	建筑安装工程
	建筑给排水及采暖安装工程
	建筑电气安装工程
	建筑通风与空调工程
	建筑智能化工程
	电梯安装工程
	消防设施安装工程

类别	类 别 名 称
18	工艺设备安装工程
	烷基苯工程
	苯制备系统安装
	支链烷基苯制备系统安装
	直链烷基苯制备系统安装
	洗衣粉（剂）工程
	原料配置系统安装
	喷雾干燥系统安装（洗衣粉）
	混合或乳化系统安装（洗涤剂）
	后处理系统安装
	电池工程和塑料制品工程
	原料配制系统安装
	制品成型系统安装
	五钠工程
	配套工程
	建筑工程
	地基基础工程
	主体结构工程
	建筑装饰装修工程
	建筑屋面工程
	建筑安装工程
	建筑给排水及采暖安装工程
	建筑电气安装工程
	建筑通风与空调工程
	建筑智能化工程
	电梯安装工程
	工艺设备安装工程
	机械设备安装工程
	管道安装工程
	电气装置安装工程
	自动化仪表安装工程
	设备及管道防腐蚀与绝热工程
	工业炉窑砌筑工程
	非标准设备制作、安装工程
	附属工程
	建筑工程
	地基基础工程
	主体结构工程
	建筑装饰装修工程
	建筑屋面工程

续附表2

类别	类别名称
	建筑安装工程
	建筑给排水及采暖安装工程
	建筑电气安装工程
	建筑通风与空调工程
	办公楼
	科研楼
	服务用房
	室外环境
	其他工程
	日用硅酸盐工程
	厂房
	建筑工程
	地基基础工程
	主体结构工程
	建筑装饰装修工程
	建筑屋面工程
	建筑安装工程
	建筑给排水及采暖安装工程
	建筑电气安装工程
18	建筑通风与空调工程
	建筑智能化工程
	电梯安装工程
	消防设施安装工程
	工艺设备安装工程
	日用玻璃工程
	备料称量系统安装
	窑炉系统安装
	制瓶系统安装
	包装系统安装
	日用陶瓷工程
	备料系统安装
	成型系统安装
	烧制系统安装
	包装系统安装
	配套工程
	建筑工程
	地基基础工程
	主体结构工程
	建筑装饰装修工程
	建筑屋面工程

续附表2

类别	类 别 名 称
18	建筑安装工程
	建筑给排水及采暖安装工程
	建筑电气安装工程
	建筑通风与空调工程
	建筑智能化工程
	电梯安装工程
	工艺设备安装工程
	机械设备安装工程
	管道安装工程
	电气装置安装工程
	自动化仪表安装工程
	设备及管道防腐蚀与绝热工程
	工业炉窑砌筑工程
	非标准设备制作、安装工程
	附属工程
	建筑工程
	地基基础工程
	主体结构工程
	建筑装饰装修工程
	建筑屋面工程
	建筑安装工程
	建筑给排水及采暖安装工程
	建筑电气安装工程
	建筑通风与空调工程
	办公楼
	科研楼
	服务用房
	室外环境
	其他工程
	皮革毛皮及制品工程
	厂房
	建筑工程
	地基基础工程
	主体结构工程
	建筑装饰装修工程
	建筑屋面工程
	建筑安装工程
	建筑给排水及采暖安装工程
	建筑电气安装工程
	建筑通风与空调工程

续附表 2

类别	类别名称
	建筑智能化工程
	电梯安装工程
	消防设施安装工程
	工艺设备安装工程
	制革工程
	皮革鞣制系统安装
	染色系统安装
	修饰系统安装
	鞋类工程
	鞋部件制作系统安装
	鞋装配系统安装
	羽绒制品工程
	革制品工程
	配套工程
	建筑工程
	地基基础工程
	主体结构工程
	建筑装饰装修工程
	建筑屋面工程
18	建筑安装工程
	建筑给排水及采暖安装工程
	建筑电气安装工程
	建筑通风与空调工程
	建筑智能化工程
	电梯安装工程
	工艺设备安装工程
	机械设备安装工程
	管道安装工程
	电气装置安装工程
	自动化仪表安装工程
	设备及管道防腐蚀与绝热工程
	工业炉窑砌筑工程
	非标准设备制作、安装工程
	附属工程
	建筑工程
	地基基础工程
	主体结构工程
	建筑装饰装修工程
	建筑屋面工程
	建筑安装工程

续附表2

类别	类 别 名 称
18	建筑给排水及采暖安装工程
	建筑电气安装工程
	建筑通风与空调工程
	办公楼
	科研楼
	服务用房
	室外环境
	其他工程
19	纺织工程
	化纤纺织
	厂房
	建筑工程
	地基基础工程
	主体结构工程
	建筑装饰装修工程
	建筑屋面工程
	建筑安装工程
	建筑给排水及采暖安装工程
	建筑电气安装工程
	建筑通风与空调工程
	建筑智能化工程
	电梯安装工程
	工艺设备安装工程
	原料工程
	原料储存系统安装
	称重及配料系统安装
	辅料系统安装
	粗纺工程
	开清棉系统安装
	梳棉系统安装
	并条系统安装
	初纱系统安装
	后加工系统安装
	精纺工程
	开清棉系统安装
	梳棉系统安装
	精梳准备系统安装
	精梳系统安装
	并条系统安装
	初纱系统安装

续附表2

类别	类 别 名 称
	精纱系统安装
	后加工系统安装
	机织工程
	经纱、纬纱整理系统安装
	织造系统安装
	后处理系统（验布、折布、打包）安装
	针织工程
	经编系统安装
	纬编系统安装
	经编、纬编复合编系统安装
	配套工程
	建筑工程
	地基基础工程
	主体结构工程
	建筑装饰装修工程
	建筑屋面工程
	建筑安装工程
	建筑给排水及采暖安装工程
	建筑电气安装工程
	建筑通风与空调工程
19	建筑智能化工程
	电梯安装工程
	工艺设备安装工程
	机械设备安装工程
	管道安装工程
	电气装置安装工程
	自动化仪表安装工程
	设备及管道防腐蚀与绝热工程
	工业炉窑砌筑工程
	非标准设备制作、安装工程
	附属工程
	建筑工程
	地基基础工程
	主体结构工程
	建筑装饰装修工程
	建筑屋面工程
	建筑安装工程
	建筑给排水及采暖安装工程
	建筑电气安装工程
	建筑通风与空调工程

类别	类 别 名 称
19	办公楼
	科研楼
	服务用房
	室外环境
	其他工程
	棉纺织工程
	厂房
	建筑工程
	地基基础工程
	主体结构工程
	建筑装饰装修工程
	建筑屋面工程
	建筑安装工程
	建筑给排水及采暖安装工程
	建筑电气安装工程
	建筑通风与空调工程
	建筑智能化工程
	电梯安装工程
	工艺设备安装工程
	原料工程
	原料储存系统安装
	称重及配料系统安装
	辅料系统安装
	粗纺工程
	开清棉系统安装
	梳棉系统安装
	并条系统安装
	初纱系统安装
	后加工系统安装
	精纺工程
	开清棉系统安装
	梳棉系统安装
	精梳准备系统安装
	精梳系统安装
	并条系统安装
	初纱系统安装
	精纱系统安装
	后加工系统安装
	机织工程
	经纱、纬纱整理系统安装

续附表 2

类别	类 别 名 称
19	织造系统安装
	后处理系统（验布、折布、打包）安装
	针织工程
	经编系统安装
	纬编系统安装
	经编、纬编复合编系统安装
	配套工程
	建筑工程
	地基基础工程
	主体结构工程
	建筑装饰装修工程
	建筑屋面工程
	建筑安装工程
	建筑给排水及采暖安装工程
	建筑电气安装工程
	建筑通风与空调工程
	建筑智能化工程
	电梯安装工程
	工艺设备安装工程
	机械设备安装工程
	管道安装工程
	电气装置安装工程
	自动化仪表安装工程
	设备及管道防腐蚀与绝热工程
	工业炉窑砌筑工程
	非标准设备制作、安装工程
	附属工程
	建筑工程
	地基基础工程
	主体结构工程
	建筑装饰装修工程
	建筑屋面工程
	建筑安装工程
	建筑给排水及采暖安装工程
	建筑电气安装工程
	建筑通风与空调工程
	办公楼
	科研楼
	服务用房
	室外环境

续附表 2

类别	类 别 名 称
	其他工程
	毛、麻、丝纺织
	厂房
	建筑工程
	地基基础工程
	主体结构工程
	建筑装饰装修工程
	建筑屋面工程
	建筑安装工程
	建筑给排水及采暖安装工程
	建筑电气安装工程
	建筑通风与空调工程
	建筑智能化工程
	电梯安装工程
	工艺设备安装工程
	原料工程
	原料储存系统安装
	称重及配料系统安装
	辅料系统安装
19	粗纺工程
	开清棉系统安装
	梳棉系统安装
	并条系统安装
	初纱系统安装
	后加工系统安装
	精纺工程
	开清棉系统安装
	梳棉系统安装
	精梳准备系统安装
	精梳系统安装
	并条系统安装
	初纱系统安装
	精纱系统安装
	后加工系统安装
	机织工程
	经纱、纬纱整理系统安装
	织造系统安装
	后处理系统（验布、折布、打包）安装
	针织工程
	经编系统安装

续附表2

类别	类别名称
19	纬编系统安装
	经编、纬编复合编系统安装
	配套工程
	建筑工程
	地基基础工程
	主体结构工程
	建筑装饰装修工程
	建筑屋面工程
	建筑安装工程
	建筑给排水及采暖安装工程
	建筑电气安装工程
	建筑通风与空调工程
	建筑智能化工程
	电梯安装工程
	工艺设备安装工程
	机械设备安装工程
	管道安装工程
	电气装置安装工程
	自动化仪表安装工程
	设备及管道防腐蚀与绝热工程
	工业炉窑砌筑工程
	非标准设备制作、安装工程
	附属工程
	建筑工程
	地基基础工程
	主体结构工程
	建筑装饰装修工程
	建筑屋面工程
	建筑安装工程
	建筑给排水及采暖安装工程
	建筑电气安装工程
	建筑通风与空调工程
	办公楼
	科研楼
	服务用房
	室外环境
	其他工程
	印染工程
	厂房
	建筑工程

续附表2

类别	类 别 名 称
19	地基基础工程
	主体结构工程
	建筑装饰装修工程
	建筑屋面工程
	建筑安装工程
	建筑给排水及采暖安装工程
	建筑电气安装工程
	建筑通风与空调工程
	建筑智能化工程
	电梯安装工程
	工艺设备安装工程
	漂浸工程
	精炼系统安装
	氧漂系统安装
	水洗系统安装
	整染工程
	纱线、布前处理系统安装
	染色系统安装
	干燥系统安装
	染整定型系统安装
	成型工程
	染整成型系统安装
	配套工程
	建筑工程
	地基基础工程
	主体结构工程
	建筑装饰装修工程
	建筑屋面工程
	建筑安装工程
	建筑给排水及采暖安装工程
	建筑电气安装工程
	建筑通风与空调工程
	建筑智能化工程
	电梯安装工程
	工艺设备安装工程
	机械设备安装工程
	管道安装工程
	电气装置安装工程
	自动化仪表安装工程
	设备及管道防腐蚀与绝热工程

类别	类 别 名 称
	工业炉窑砌筑工程
	非标准设备制作、安装工程
	附属工程
	建筑工程
	地基基础工程
	主体结构工程
	建筑装饰装修工程
	建筑屋面工程
19	建筑安装工程
	建筑给排水及采暖安装工程
	建筑电气安装工程
	建筑通风与空调工程
	办公楼
	科研楼
	服务用房
	室外环境
	其他工程
	电子与通信工程
	电子系统工程
	建筑工程
	地基基础工程
	主体结构工程
	建筑装饰装修工程
	建筑屋面工程
	建筑安装工程
	建筑给排水及采暖安装工程
	建筑电气安装工程
	建筑通风与空调工程
	建筑智能化工程
20	电梯安装工程
	消防设施安装工程
	设备安装工程
	雷达导航与测控系统工程
	设备安装工程
	电气装置安装工程
	自动化仪表安装工程
	管道安装工程
	设备及管道防腐蚀与绝热工程
	非标准设备制作、安装工程
	计算机及应用和信息网络工程

类别	类别名称
20	通信和综合信息网络工程
	监控系统工程电子自动化工程
	电子声像工程
	电磁兼容工程
	电子机房工程
	电子整机设备工程
	设备安装工程
	电气装置安装工程
	自动化仪表安装工程
	管道安装工程
	设备及管道防腐蚀与绝热工程
	非标准设备制作、安装工程
	电子基础件工程
	显示器件工程
	微电子产品工程
	配套工程
	建筑工程
	地基基础工程
	主体结构工程
	建筑装饰装修工程
	建筑屋面工程
	建筑安装工程
	建筑给排水及采暖安装工程
	建筑电气安装工程
	建筑通风与空调工程
	建筑智能化工程
	电梯安装工程
	工艺设备安装工程
	机械设备安装工程
	管道安装工程
	电气装置安装工程
	自动化仪表安装工程
	设备及管道防腐蚀与绝热工程
	工业炉窑砌筑工程
	非标准设备制作、安装工程
	附属工程
	建筑工程
	地基基础工程
	主体结构工程
	建筑装饰装修工程

续附表2

类别	类 别 名 称
	建筑屋面工程
	建筑安装工程
	建筑给排水及采暖安装工程
	建筑电气安装工程
	建筑通风与空调工程
	办公楼
	科研楼
	服务用房
	室外环境
	其他工程
	信息通信工程
	建筑工程
	地基基础工程
	主体结构工程
	建筑装饰装修工程
	建筑屋面工程
	建筑安装工程
	建筑给排水及采暖安装工程
20	建筑电气安装工程
	建筑通风与空调工程
	建筑智能化工程
	电梯安装工程
	消防设施安装工程
	设备安装工程
	计算机信息网络工程
	网络设备
	软件
	电源设备
	配套设施
	机房布线系统
	机房工程
	通信设备安装工程
	通信电源设备安装工程
	程控电话交换机设备安装工程
	光纤传输系统设备安装工程
	非话通信系统设备安装工程
	微波通信系统设备安装工程
	卫星通信地球站设备安装工程
	小口径卫星地球站（VSAT）设备安装工程
	移动通信设备安装工程

续附表2

类别	类 别 名 称
20	时钟同步系统设备安装工程
	接入网系统设备安装工程
	网管、维护、计费中心系统设备安装工程
	通信线路工程
	开挖与填埋工程
	敷设电缆
	杆路工程
	敷设电缆、光缆工程
	通信线路设备安装工程
	电、光缆保护与防护
	综合布线系统安装工程
	通信机房与通信枢纽楼工程
	配套工程
	建筑工程
	地基基础工程
	主体结构工程
	建筑装饰装修工程
	建筑屋面工程
	建筑安装工程
	建筑给排水及采暖安装工程
	建筑电气安装工程
	建筑通风与空调工程
	建筑智能化工程
	电梯安装工程
	工艺设备安装工程
	机械设备安装工程
	管道安装工程
	电气装置安装工程
	自动化仪表安装工程
	设备及管道防腐蚀与绝热工程
	工业炉窑砌筑工程
	非标准设备制作、安装工程
	附属工程
	建筑工程
	地基基础工程
	主体结构工程
	建筑装饰装修工程
	建筑屋面工程
	建筑安装工程
	建筑给排水及采暖安装工程

续附表2

类别	类 别 名 称
20	建筑电气安装工程
	建筑通风与空调工程
	办公楼
	科研楼
	服务用房
	室外环境
	其他工程
21	广播电影电视
	广播电视中心工程
	建筑工程
	地基基础工程
	主体结构工程
	建筑装饰装修工程
	建筑屋面工程
	建筑安装工程
	建筑给排水及采暖安装工程
	建筑电气安装工程
	建筑通风与空调工程
	建筑智能化工程
	电梯安装工程
	消防设施安装工程
	设备安装工程
	电视中心设备安装工程
	广播中心设备安装工程
	配套工程
	建筑工程
	地基基础工程
	主体结构工程
	建筑装饰装修工程
	建筑屋面工程
	建筑安装工程
	建筑给排水及采暖安装工程
	建筑电气安装工程
	建筑通风与空调工程
	建筑智能化工程
	电梯安装工程
	工艺设备安装工程
	机械设备安装工程
	管道安装工程
	电气装置安装工程

类别	类 别 名 称
21	自动化仪表安装工程
	设备及管道防腐蚀与绝热工程
	工业炉窑砌筑工程
	非标准设备制作、安装工程
	附属工程
	建筑工程
	地基基础工程
	主体结构工程
	建筑装饰装修工程
	建筑屋面工程
	建筑安装工程
	建筑给排水及采暖安装工程
	建筑电气安装工程
	建筑通风与空调工程
	办公楼
	科研楼
	服务用房
	室外环境
	其他工程
	广播电视发射台、塔工程
	建筑工程
	地基基础工程
	主体结构工程
	建筑装饰装修工程
	建筑屋面工程
	建筑安装工程
	建筑给排水及采暖安装工程
	建筑电气安装工程
	建筑通风与空调工程
	建筑智能化工程
	电梯安装工程
	消防设施安装工程
	设备安装工程
	调频设备安装工程
	中短波发射台安装工程
	电视调频发射塔安装工程
	配套工程
	建筑工程
	地基基础工程
	主体结构工程

续附表 2

类别	类 别 名 称
21	建筑装饰装修工程
	建筑屋面工程
	建筑安装工程
	建筑给排水及采暖安装工程
	建筑电气安装工程
	建筑通风与空调工程
	建筑智能化工程
	电梯安装工程
	工艺设备安装工程
	机械设备安装工程
	管道安装工程
	电气装置安装工程
	自动化仪表安装工程
	设备及管道防腐蚀与绝热工程
	工业炉窑砌筑工程
	非标准设备制作、安装工程
	附属工程
	建筑工程
	地基基础工程
	主体结构工程
	建筑装饰装修工程
	建筑屋面工程
	建筑安装工程
	建筑给排水及采暖安装工程
	建筑电气安装工程
	建筑通风与空调工程
	办公楼
	科研楼
	服务用房
	室外环境
	其他工程
	广播电视传输、监测工程
	建筑工程
	地基基础工程
	主体结构工程
	建筑装饰装修工程
	建筑屋面工程
	建筑安装工程
	建筑给排水及采暖安装工程
	建筑电气安装工程

类别	类别名称
	建筑通风与空调工程
	建筑智能化工程
	电梯安装工程
	消防设施安装工程
	设备安装工程
	有线广播电视网络安装工程
	微波站安装工程
	卫星地球站安装工程
	传输网络及网管中心安装工程
	配套工程
	建筑工程
	地基基础工程
	主体结构工程
	建筑装饰装修工程
	建筑屋面工程
	建筑安装工程
	建筑给排水及采暖安装工程
	建筑电气安装工程
21	建筑通风与空调工程
	建筑智能化工程
	电梯安装工程
	工艺设备安装工程
	机械设备安装工程
	管道安装工程
	电气装置安装工程
	自动化仪表安装工程
	设备及管道防腐蚀与绝热工程
	工业炉窑砌筑工程
	非标准设备制作、安装工程
	附属工程
	建筑工程
	地基基础工程
	主体结构工程
	建筑装饰装修工程
	建筑屋面工程
	建筑安装工程
	建筑给排水及采暖安装工程
	建筑电气安装工程
	建筑通风与空调工程
	办公楼

类别	类 别 名 称
	科研楼
	服务用房
	室外环境
	其他工程
	电影工程
	电影制片工程
	建筑工程
	地基基础工程
	主体结构工程
	建筑装饰装修工程
	建筑屋面工程
	建筑安装工程
	建筑给排水及采暖安装工程
	建筑电气安装工程
	建筑通风与空调工程
	设备安装工程
	灯光
21	声控
	附属工程
	建筑工程
	地基基础工程
	主体结构工程
	建筑装饰装修工程
	建筑屋面工程
	建筑安装工程
	建筑给排水及采暖安装工程
	建筑电气安装工程
	建筑通风与空调工程
	办公楼
	科研楼
	服务用房
	室外环境
	其他工程
	特种电影工程
	立体声影院工程
	铁路工程
	轮轨交通工程
22	路基工程
	区间路基土石方工程
	站场土石方工程

续附表 2

类别	类 别 名 称
22	路基附属工程
	桥涵工程
	桥梁工程
	基础工程
	墩台工程
	梁部结构工程
	桥面工程
	涵洞工程
	基础工程
	洞身工程
	端墙、翼墙工程
	隧道工程（含明洞工程）
	洞口工程
	洞门工程
	洞身工程
	辅助通道工程
	防排水工程
	隧道附属工程
	轨道工程
	正线轨道工程
	站线轨道工程
	线路有关工程
	通信、信号及信息工程
	通信工程
	信号工程
	信息工程
	电力及电力牵引供电工程
	电力工程
	电力牵引供电工程
	房屋工程
	地基与基础工程
	主体结构工程
	装饰装修工程
	屋面工程
	给排水及采暖工程
	电气工程
	通风与空调工程
	电梯工程
	其他工程
	给排水工程

续附表2

类别	类 别 名 称
22	机务工程
	车辆工程
	动车工程
	站场工程
	工务工程
	其他建筑及设备安装工程
	环境保护工程
	磁悬浮交通工程
	路基工程
	区间路基土石方工程
	站场土石方工程
	路基附属工程
	桥涵工程
	桥梁工程
	基础工程
	墩台工程
	梁部结构工程
	桥面工程
	涵洞工程
	基础工程
	洞身工程
	端墙、翼墙工程
	隧道工程（含明洞工程）
	洞口工程
	洞门工程
	洞身工程
	辅助通道工程
	防排水工程
	隧道附属工程
	轨道工程
	导轨下部结构工程
	导轨上部结构工程
	道岔工程
	功能件安装工程
	供电工程
	变电所工程
	电缆工程
	通信、信号及信息工程
	通信工程
	信号工程

类别	类 别 名 称
22	信息工程
	房屋工程
	地基与基础工程
	主体结构工程
	装饰装修工程
	屋面工程
	给排水及采暖工程
	电气工程
	通风与空调工程
	电梯工程
	其他工程
	给排水工程
	动车工程
	站场工程
	工务工程
	其他建筑及设备安装工程
	环境保护工程
23	公路工程
	路基工程
	路基土石方工程
	路基排水工程
	特殊路基工程
	路基防护工程
	路面工程
	路面基层及垫层工程
	路面面层工程（含沥青混凝土、水泥混凝土及其他路面工程）
	路面附属工程
	桥涵工程
	桥梁工程（含梁式桥、拱式桥、刚构桥、斜拉桥、悬索桥）
	桥梁基础工程
	桥梁下部结构工程
	桥梁上部结构工程
	桥梁调治构造物工程
	涵洞工程
	隧道工程
	洞身工程
	洞门工程
	辅助坑道工程
	通风及消防设施工程
	其他工程

类别	类 别 名 称
23	安全设施工程
	监控、收费系统
	通信系统
	供电、照明系统
	光缆、电缆敷设工程
	配管、配线及接地工程
	环保绿化工程
24	水利工程
	拦河坝工程
	地基开挖与处理工程
	地基防渗工程
	防渗心（斜）墙工程
	坝体填筑工程
	排水工程
	上游坝面护坡工程
	下游坝面护坡工程
	坝顶工程
	护岸及其他工程
	泄洪工程
	溢洪道工程（含陡槽溢洪道、侧堰溢洪道、竖井溢洪道）
	地基防渗及排水工程
	进口引水段工程
	闸室段或溢流堰工程
	泄水段工程
	消能防冲段工程
	尾水段工程
	护坡及其他工程
	金属结构及启闭机安装工程
	泄洪洞（含放空洞）
	进水口或竖井工程
	泄水段工程（含有压泄水段、无压泄水段工程）
	工作闸门段工程
	出口消能段工程
	尾水段工程
	金属结构及启闭机安装工程
	坝体引水工程（含发电、灌溉、工业及生活取水口工程）
	进水闸室段工程
	引水段工程
	厂坝联结段工程
	金属结构及启闭机安装工程

续附表2

类别	类 别 名 称
24	引水隧洞及压力管道工程
	进水闸室段工程
	隧洞开挖与衬砌工程
	调压井工程
	压力管道段工程
	回填与固结灌浆工程
	金属结构及启闭机安装工程
	引水渠道工程
	进口闸室段工程
	明渠、暗渠工程
	渠道主要建筑工程
	前池工程
	溢流堰及冲沙建筑工程
	金属结构及启闭机安装工程
	航运工程
	船闸工程
	上引航道工程
	上闸首段工程
	中闸首段工程
	下闸首段工程
	闸室段工程
	下引航道工程
	升船机工程
	上引航道工程
	升船机室工程
	斜坡道工程
	下引航道工程
	过木工程
	漂木道工程、筏道工程
	进口段工程
	槽身段工程
	出口段工程
	过木机工程
	进口段工程
	过木机安装工程
	出口段工程
	水闸工程
	上游联结段工程
	闸室段工程
	消能防冲段工程

续附表2

类别	类 别 名 称
	下游联结段工程
	地基防渗及排水工程
	过鱼工程
	鱼闸工程
	上鱼室工程
	井或闸室工程
	下鱼室工程
	鱼道工程
	进口段工程
	槽身段工程
	出口段工程
	其他水利工程
	渠道闸门工程
	进水闸
	分水闸
24	节制闸
	泄水闸
	冲砂闸
	干渠或支渠工程
	明渠
	陡坡
	跌水
	暗渠
	渡槽、倒虹吸管道、涵洞等工程
	堤防工程
	水力发电工程
	地面发电厂房
	地下发电厂房
	坝内式发电厂房
	地面升压变电站
	地下升压变电站
	机电安装工程
	机电设备安装工程
	金属结构及启闭机安装工程
	水运工程
	港口工程
25	码头主体构筑物工程（含重力式、高桩、板桩、斜坡、浮动码头）
	码头工程
	码头后方陆域形成工程
	防护构筑物工程

续附表 2

类别	类 别 名 称
25	防波堤工程
	防沙堤工程
	导流堤工程
	护坡工程
	海墙工程
	码头土建工程
	生产建筑工程
	辅助生产建筑工程
	辅助生活建筑工程
	码头其他工程
	交通运输工程
	供电照明工程
	供热工程
	控制工程
	采暖通风工程
	给排水工程
	通信工程
	消防工程
	燃油供应设施工程
	环境保护工程
	机电设备安装工程
	装卸工艺设备工程
	库场设备工程
	其他设备工程
	航道工程
	航道整治工程
	整治建筑工程（含轻型、重型）
	平顺护岸工程
	航道疏浚工程
	通航建筑工程
	船闸结构工程
	船闸机电工程
	土建工程
	生产建筑工程
	辅助生产建筑工程
	辅助生活建筑工程
	助航设施工程
	航标工程
	灯塔工程
	灯桩工程

续附表2

类别	类 别 名 称
25	导标工程
	灯船工程
	灯浮标工程
	修造船工程
	船坞及船台滑道工程
	干船坞工程
	船台滑道工程
	浮船坞工程
	机械设备安装工程
	拖曳系缆设备工程
	垫船设备工程
	起重设备工程
	灌排水设备工程
	动力设备工程
	船坞工艺设备工程
	其他设备工程
	土建工程
	生产建筑工程
	辅助生产建筑工程
	辅助生活建筑工程
26	海洋工程
	围填海、海上堤坝工程
	围填海工程
	海上堤坝工程
	人工岛、海上和海底物资储藏设施、跨海桥梁、海底隧道工程
	人工岛工程
	海上和海底物资储藏设施工程
	跨海桥梁工程
	海底隧道工程
	海底管道、海底电（光）缆工程
	海底管道工程
	海底电（光）缆工程
	海洋矿产资源勘探开发及其附属工程
	海洋矿产资源勘探开发工程
	海洋矿产资源勘探开发附属工程
	海洋能源开发利用工程
	海上潮汐电站工程
	波浪电站工程
	温差电站工程
	大型海水养殖场、人工鱼礁工程

续附表2

类别	类 别 名 称
26	大型海水养殖场工程
	人工鱼礁工程
	海水利用工程
	盐田工程
	海水淡化工程
	海上娱乐及运动、景观开发工程
	海上娱乐及运动工程
	海上景观开发工程
	其他海洋工程
27	民航工程
	飞行区工程
	机场场道工程
	场道土石方工程
	道面基础工程
	道面工程
	排水工程
	其他场道工程
	滑行道桥工程
	基础工程
	墩台工程
	梁部结构工程
	桥面工程
	航站区工程
	航站楼工程
	地基与基础工程
	主体结构工程
	装饰装修工程
	屋面工程
	给排水及采暖工程
	电气工程
	通风与空调工程
	电梯工程
	弱电系统工程
	停机坪工程（含站坪工程）
	土石方工程
	道面基础工程
	道面工程
	停车设施工程
	地基与基础工程
	主体结构工程

续附表2

类别	类别名称
27	屋面工程
	附属设施工程
	指挥塔台工程
	地基与基础工程
	主体结构工程
	装饰装修工程
	屋面工程
	给排水及采暖工程
	电气工程
	通风与空调工程
	电梯工程
	通信、导航、航管工程
	通信工程
	导航工程
	航管工程
	供油工程
	建筑工程
	设备安装工程
	机修工程
	建筑工程
	设备安装工程
	地面交通工程
	道路交通工程
	轨道交通工程
	磁悬浮交通工程
28	农业工程
	厂房建筑工程
	地基基础工程
	主体结构工程
	屋面工程
	装饰装修工程
	建筑给水、排水及采暖工程
	建筑电气工程
	建筑智能化工程
	通风与空调工程
	电梯工程
	室外土建工程
	室外安装工程
	其他厂房建筑工程
	工艺设备工程

类别	类 别 名 称
28	配套建筑工程
	同"厂房建筑工程"
	附属建筑工程
	同"厂房建筑工程"
	其他工程
29	林业工程
	厂房建筑工程
	地基基础工程
	主体结构工程
	屋面工程
	装饰装修工程
	建筑给水、排水及采暖工程
	建筑电气工程
	建筑智能化工程
	通风与空调工程
	电梯工程
	室外土建工程
	室外安装工程
	其他厂房建筑工程
	工艺设备工程
	配套建筑工程
	同"厂房建筑工程"
	附属建筑工程
	同"厂房建筑工程"
	其他林业工程
30	粮食工程
	厂房工程
	地基基础工程
	主体结构工程
	屋面工程
	装饰装修工程
	建筑给水、排水及采暖工程
	建筑电气工程
	建筑智能化工程
	通风与空调工程
	电梯工程
	室外土建工程
	室外安装工程
	其他厂房建筑工程
	工艺设备工程

续附表 2

类别	类 别 名 称
30	配套建筑工程
	同"厂房建筑工程"
	附属建筑工程
	同"厂房建筑工程"
	其他粮食工程
31	商业与物资工程
	冷冻冷藏工程
	建筑工程
	地基与基础工程
	主体结构工程
	装饰装修工程
	屋面工程
	设备安装工程
	其他配套设施工程
	食品加工工程
	建筑工程
	地基与基础工程
	主体结构工程
	装饰装修工程
	屋面工程
	设备安装工程
	其他配套设施工程
	批发配送与物流仓储工程
	建筑工程
	地基与基础工程
	主体结构工程
	装饰装修工程
	屋面工程
	设备安装工程
	其他配套设施工程
	其他商业与物资工程

注：建筑工程中除"居住建筑工程"以外的工程，其分部工程均同"居住建筑工程"。

附录3　建设工程服务分类表

说明：工程服务部分分类包括综合管理服务、工程规划服务、前期咨询服务、工程勘察服务、工程设计服务、招标代理服务、工程建设监理服务、工程设备监理服务、工程检测服务、工程造价咨询服务、项目管理服务、环境影响评价服务、工程保险服务、工程担保服务。其他服务包括建筑业信息化、建筑科技与教育、建筑环境。

附表3　建设工程服务分类表

代码	类 别 名 称
	工程服务
	综合管理服务（EPC承包、工程总承包）
	建筑工程综合管理服务
	房屋建筑工程综合管理服务
	装饰装修工程综合管理服务
	土木工程综合管理服务
	公路工程综合管理服务
	铁路综合工程（包括地铁和轻轨）综合管理服务
	民航机场工程综合管理服务
	港口与航道工程综合管理服务
	水利水电工程综合管理服务
	矿山工程综合管理服务
	冶炼工程综合管理服务
	市政工程综合管理服务
	通信与广电工程综合管理服务
06	机电工程综合管理服务
	电力工程综合管理服务
	石油化工工程综合管理服务
	机电安装工程综合管理服务
	其他工程综合管理服务
	工程规划服务
	城乡工程规划服务
	给水工程规划服务
	污水工程规划服务
	雨水工程规划服务
	电力工程规划服务
	电信工程规划服务
	燃气工程规划服务
	供热工程规划服务
	管线工程规划服务
	其他城市工程规划服务

代码	类 别 名 称
06	水利水电工程规划服务
	水库工程规划服务
	水闸工程规划服务
	水电站工程规划服务
	潮汐电站工程规划服务
	排灌泵站工程规划服务
	河道整治工程规划服务
	港口规划服务
	其他水利水电工程规划服务
	其他工程规划服务
	城市园林绿化规划服务
	风景名胜区规划服务
	自然保护区规划服务
	农业规划服务
	林业规划服务
	其他未列明的规划服务
	前期咨询服务
	建筑工程前期咨询服务
	房屋建筑工程前期咨询服务
	装饰装修工程前期咨询服务
	土木工程前期咨询服务
	公路工程前期咨询服务
	铁路综合工程（包括地铁和轻轨）前期咨询服务
	民航机场工程前期咨询服务
	港口与航道工程前期咨询服务
	水利水电工程前期咨询服务
	矿山工程前期咨询服务
	冶炼工程前期咨询服务
	市政工程前期咨询服务
	通信与广电工程前期咨询服务
	机电工程前期咨询服务
	电力工程前期咨询服务
	石油化工工程前期咨询服务
	机电安装工程前期咨询服务
	其他工程前期咨询服务
	工程勘察服务
	工程地质勘察服务
	工程水文勘察服务
	工程地球物理勘探服务
	岩土工程勘察综合评定服务
	其他工程勘察服务
	工程设计服务

续附表3

代码	类 别 名 称
06	房屋建筑工程设计服务
	住宅建筑工程设计服务
	生产用房屋建筑工程设计服务
	商业用建筑物工程设计服务
	其他房屋建筑工程设计服务
	装饰装修工程设计服务
	楼地面工程设计服务
	墙柱面工程设计服务
	天棚工程设计服务
	门窗工程设计服务
	油漆、涂料、裱糊工程设计服务
	其他装饰装修工程设计服务
	公路工程设计服务
	路基路面（含交通安全设施）工程设计服务
	桥梁工程设计服务
	隧道工程设计服务
	环境保护配套工程设计服务
	铁路综合工程（包括地铁和轻轨）设计服务
	铁路道渣和枕木铺设工程设计服务
	开关装置、转辙器和辙叉的安装设计服务
	列车控制和安全系统建筑工程设计服务
	缆索铁道和缆车系统建筑工程设计服务
	铁路维修更新工程设计服务
	民航机场工程设计服务
	飞行区工程设计服务
	航路的航行管制、通信、导航、气象工程设计服务
	机场的航行管制、通信、导航、气象工程设计服务
	目视助航系统工程设计服务
	其他民航机场工程设计服务
	港口与航道工程设计服务
	海港基础工程设计服务
	海港渠道工程设计服务
	海港防浪堤工程设计服务
	海港码头工程设计服务
	其他海港类似结构工程设计服务
	河、湖整治工程设计服务
	人工交通运河工程设计服务
	其他港口与航道工程设计服务
	水利水电工程设计服务
	水利枢纽工程设计服务
	水电站工程设计服务
	抽水蓄能电站工程设计服务

续附表3

代码	类 别 名 称
06	引调水工程设计服务
	灌溉排涝工程设计服务
	城市防洪工程工程设计服务
	围垦工程设计服务
	水土保持工程设计服务
	其他水利水电工程设计服务
	矿山工程设计服务
	井巷工程设计服务
	露天矿工程设计服务
	选矿工程设计服务
	尾矿工程设计服务
	生产辅助附属工程及配套工程设计服务
	冶炼工程设计服务
	冶金工业工程设计服务①
	有色工业工程设计服务①
	建材工业工程设计服务①
	市政工程综合管理服务
	给水工程设计服务
	污水工程设计服务
	雨水工程设计服务
	电力工程设计服务
	电信工程设计服务
	燃气工程设计服务
	供热工程设计服务
	管线工程设计服务
	桥隧工程设计服务
	其他市政工程设计服务
	通信与广电工程设计服务
	远距离管道工程设计服务
	远距离架线工程设计服务
	电力工程设计服务
	水力发电设施工程设计服务
	火力发电设施工程设计服务
	核能发电设施工程设计服务
	风能发电设施工程设计服务
	潮汐发电设施工程设计服务
	可再生能源利用工程设计服务
	垃圾发电设施工程设计服务
	煤矸石发电设施工程设计服务
	其他电力发电设施工程设计服务

续附表3

代码	类 别 名 称
06	石油化工工程设计服务
	石油工程设计服务①
	化工工程设计服务①
	石油化工工程设计服务①
	机电安装工程设计服务
	机械设备工程设计服务
	电气工程设计服务
	电子工程设计服务
	自动化仪表工程设计服务
	建筑智能化工程设计服务
	消防工程设计服务
	电梯工程设计服务
	管道工程设计服务
	动力站工程设计服务
	通风空调与洁净工程设计服务
	环保工程设计服务
	其他机电安装工程设计服务
	招标代理服务
	工程建设招标代理服务
	房屋建筑工程建设招标代理服务
	装饰装修工程建设招标代理服务
	公路工程建设招标代理服务
	铁路综合工程（包括地铁和轻轨）建设招标代理服务
	民航机场工程建设招标代理服务
	港口与航道工程建设招标代理服务
	水利水电工程建设招标代理服务
	矿山工程建设招标代理服务
	冶炼工程建设招标代理服务
	市政工程建设招标代理服务
	通信与广电工程建设招标代理服务
	电力工程建设招标代理服务
	石油化工工程建设招标代理服务
	机电安装工程建设招标代理服务
	其他工程建设招标代理服务
	工程建设有关货物招标代理服务
	原材料招标代理服务
	重要设备（进口机电设备除外）招标代理服务
	电力招标代理服务
	其他工程建设有关货物招标代理服务
	工程建设和货物以外的服务招标代理服务

续附表3

代码	类 别 名 称
	工程勘测招标代理服务
	工程可行性研究招标代理服务
	工程设计招标代理服务
	工程监理招标代理服务
	工程保险招标代理服务
	其他工程建设和货物以外的服务招标代理服务
	工程建设监理服务
	建筑工程建设监理服务
	房屋建筑工程建设监理服务
	装饰装修工程建设监理服务
	土木工程建设监理服务
	公路工程建设监理服务
	铁路综合工程（包括地铁和轻轨）建设监理服务
	民航机场工程建设监理服务
	港口与航道工程建设监理服务
	水利水电工程建设监理服务
	矿山工程建设监理服务
	冶炼工程建设监理服务
	市政工程建设监理服务
	通信与广电工程建设监理服务
06	机电工程建设服务
	电力工程建设监理服务
	石油化工工程建设监理服务
	机电安装工程建设监理服务
	其他工程建设监理服务
	工程设备监理服务
	建筑工程设备监理服务
	房屋建筑工程设备监理服务
	装饰装修工程设备监理服务
	土木工程设备监理服务
	公路工程设备监理服务
	铁路综合工程（包括地铁和轻轨）设备监理服务
	民航机场工程设备监理服务
	港口与航道工程设备监理服务
	水利水电工程设备监理服务
	矿山工程设备监理服务
	冶炼工程设备监理服务
	市政工程设备监理服务
	通信与广电工程设备监理服务
	机电工程设备监理服务

代码	类 别 名 称
06	电力工程设备监理服务
	石油化工工程设备监理服务
	机电安装工程设备监理服务
	其他工程设备监理服务
	工程检测服务
	建筑工程检测服务
	房屋建筑工程检测服务
	装饰装修工程检测服务
	土木工程检测服务
	公路工程检测服务
	铁路综合工程（包括地铁和轻轨）检测服务
	民航机场工程检测服务
	港口与航道工程检测服务
	水利水电工程检测服务
	矿山工程检测服务
	冶炼工程检测服务
	市政工程检测服务
	通信与广电工程检测服务
	机电工程检测服务
	电力工程检测服务
	石油化工工程检测服务
	机电安装工程检测服务
	其他工程检测服务
	工程造价咨询服务
	建筑工程造价咨询服务
	房屋建筑工程造价咨询服务
	装饰装修工程造价咨询服务
	土木工程造价咨询服务
	公路工程造价咨询服务
	铁路综合工程（包括地铁和轻轨）造价咨询服务
	民航机场工程造价咨询服务
	港口与航道工程造价咨询服务
	水利水电工程造价咨询服务
	矿山工程造价咨询服务
	冶炼工程造价咨询服务
	市政工程造价咨询服务
	通信与广电工程造价咨询服务
	机电工程造价咨询服务
	电力工程造价咨询服务
	石油化工工程造价咨询服务

续附表 3

代码	类 别 名 称
	机电安装工程造价咨询服务
	其他工程造价咨询服务
	项目管理服务
	建筑工程项目管理服务
	房屋建筑工程项目管理服务
	装饰装修工程项目管理服务
	土木工程项目管理服务
	公路工程项目管理服务
	铁路综合工程（包括地铁和轻轨）项目管理服务
	民航机场工程项目管理服务
	港口与航道工程项目管理服务
	水利水电工程项目管理服务
	矿山工程项目管理服务
	冶炼工程项目管理服务
	市政工程项目管理服务
	通信与广电工程项目管理服务
	机电工程项目管理服务
	电力工程项目管理服务
	石油化工工程项目管理服务
	机电安装工程项目管理服务
06	其他工程项目管理服务
	环境影响评价服务
	建筑工程环境影响评价服务
	房屋建筑工程环境影响评价服务
	装饰装修工程环境影响评价服务
	土木工程环境影响评价服务
	公路工程环境影响评价服务
	铁路综合工程（包括地铁和轻轨）环境影响评价服务
	民航机场工程环境影响评价服务
	港口与航道工程环境影响评价服务
	水利水电工程环境影响评价服务
	矿山工程环境影响评价服务
	冶炼工程环境影响评价服务
	市政工程环境影响评价服务
	通信与广电工程环境影响评价服务
	机电工程环境影响评价服务
	电力工程环境影响评价服务
	石油化工工程环境影响评价服务
	机电安装工程环境影响评价服务
	其他工程环境影响评价服务

代码	类 别 名 称
06	工程保险服务
	建筑工程一切保险（附加第三者责任保险）服务
	安装工程一切保险（附加第三者责任保险）服务
	职业责任保险服务
	建筑工程勘探责任保险服务
	建筑工程设计责任保险服务
	建筑工程监理责任保险服务
	其他职业责任保险
	建设工程施工人员团体意外伤害保险服务
	其他工程保险服务
	工程担保服务
	招投标担保服务
	履约担保服务
	维修担保服务
	支付担保服务
	其他担保服务
	其他工程服务
07	其他服务
	建筑业信息化
	网络设施
	公司局域网与广域网
	服务中心和数据中心
	信息系统安全体系
	建筑工程网站
	设计、管理信息系统平台
	远程视频会议平台
	工程设计集成（包括设计管理）
	工程管理信息系统
	工程标书编制与管理
	计划进度控制
	估算与费用控制
	采购管理和材料控制
	施工管理与质量控制
	费用、进度综合监测
	合同管理
	财务管理（包括清工结算）
	电子文档、设备、办公物品管理
	经营管理信息系统
	企业管理资源数据库（客户资源、市场信息等）
	辅助决策系统

续附表3

代码	类 别 名 称
07	建筑科技与教育
	建筑科技
	建筑材料
	建筑结构
	建筑施工机械和设备
	建筑节能
	施工技术
	住宅产业技术
	环境工程与市政公用行业技术
	建筑教育
	行业培训
	执业注册
	建筑环境
	施工现场环境设计、评估与控制
	建筑环境规划设计（包括内环境与外环境）
	空气环境
	热湿与气流环境
	光环境
	声环境
	生态环境
	节能效果
	建筑环境监测与评估
	建筑环境保护与控制

注：①包括主体工程、配套工程及生产辅助附属工程。